超简单
用Python+AI高效创作

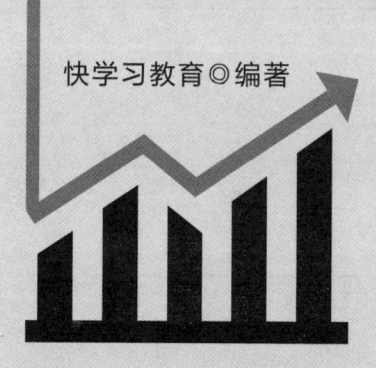

让短视频飞起来

实战108例

快学习教育 ◎ 编著

北京理工大学出版社
BEIJING INSTITUTE OF TECHNOLOGY PRESS

版权专有 侵权必究

图书在版编目（CIP）数据

超简单：用Python+AI高效创作让短视频飞起来：实战108例 / 快学习教育编著 . -- 北京：北京理工大学出版社, 2024.6.

ISBN 978-7-5763-4221-5

Ⅰ . TP317.53

中国国家版本馆CIP数据核字第2024823XH4号

责任编辑：	钟 博	文案编辑：	钟 博
责任校对：	刘亚男	责任印制：	施胜娟

出版发行 / 北京理工大学出版社有限责任公司

社　　址 / 北京市丰台区四合庄路6号

邮　　编 / 100070

电　　话 / （010）68944451（大众售后服务热线）

　　　　　 （010）68912824（大众售后服务热线）

网　　址 / http://www.bitpress.com.cn

版 印 次 / 2024年6月第1版第1次印刷

印　　刷 / 三河市中晟雅豪印务有限公司

开　　本 / 889 mm×1194 mm　1 / 24

印　　张 / 10

字　　数 / 276千字

定　　价 / 79.80元

图书出现印装质量问题，请拨打售后服务热线，负责调换

前言 Preface

短视频作为一种新兴的数字媒体形式，近年来在全球范围内呈现出爆炸性增长的趋势。它不仅改变了人们的信息获取和娱乐方式，也成为数字经济中不可或缺的一部分，发展前景十分广阔。本书旨在探讨如何让流行的 Python 语言和新兴的 AI 工具"强强联手"，为短视频的创作开辟一条更加智能和高效的崭新路径，帮助从业人员从激烈的竞争中脱颖而出。

内容结构

全书共 11 章，从结构上可划分为 4 个部分。

第 1 部分为第 1 章，主要讲解 Python 编程环境的搭建和 Python 的语法基础知识，为后续学习 Python 的实际应用打下坚实的基础。

第 2 部分为第 2～9 章，主要讲解如何通过编写 Python 代码高效完成视频的后期制作，包括视频的导入和导出、视频画面的编辑、视频的剪辑、视频画面明暗与色彩的调整、视频的拼接与合成、视频的特效制作、字幕和水印的添加、音频的剪辑等。

第 3 部分为第 10 章，主要讲解如何通过编写 Python 代码对短视频相关数据进行统计分析和可视化呈现，帮助从业人员科学有效地调整创作思路。

第 4 部分为第 11 章，主要讲解 AI 工具的基本用法，以及如何在短视频相关工作中利用 AI 工具提高效率。

编写特色

★**循序渐进，轻松入门**：全书按照"由易到难、由简到繁"的原则编排内容结构，让没有编程基础的读者也能快速上手。

★**案例实用，讲解全面**：本书的案例都是根据实际的应用场景精心设计的，具备较强的实用性和代表性，以便读者进行举一反三。每个案例的代码都附有通俗易懂的解析，以及重点语法和函数知识的延伸讲解，能有效帮助读者快速理解代码的适用范围及编写思路。

★**资源齐备，自学无忧**：本书配套的学习资源包含案例用到的素材文件及编写好的代码文件，便于读者边学边练，在实际动手操作中加深印象。

读者对象

本书适合短视频内容创作者和自媒体人阅读，对于视频剪辑爱好者和 Python 编程初学者来说也是不错的参考资料。

由于编程技术和 AI 技术的更新和升级速度很快，加之编者水平有限，本书难免有不足之处，恳请广大读者批评指正。

编 者

2024 年 5 月

目录 Contents

第 1 章　Python 快速入门

001　Python 解释器——Anaconda 的下载与安装 …………………………… 002
002　Python 代码编辑器——Jupyter Notebook 的基本操作 ………………… 004
003　Python 模块的管理 ………………………………………………………… 007
004　Python 模块的导入 ………………………………………………………… 009
005　Python 变量的定义 ………………………………………………………… 011
006　Python 的基本数据类型——数字和字符串 ……………………………… 012
007　Python 的基本数据类型——列表、字典、元组、集合 ………………… 014
008　Python 数据类型的查询 …………………………………………………… 019
009　Python 数据类型的转换 …………………………………………………… 020
010　Python 的运算符——算术运算符 ………………………………………… 022
011　Python 的运算符——赋值运算符 ………………………………………… 023
012　Python 的运算符——比较运算符 ………………………………………… 024
013　Python 的运算符——逻辑运算符 ………………………………………… 025
014　Python 的运算符——序列运算符 ………………………………………… 026
015　Python 的控制语句—— if 语句 …………………………………………… 028
016　Python 的控制语句—— for 语句 ………………………………………… 029
017　Python 控制语句的嵌套 …………………………………………………… 031

018　Python 的内置函数 ……………………………………………………… 032
019　Python 的自定义函数 …………………………………………………… 035
020　Python 的注释 …………………………………………………………… 038

第 2 章　视频的导入和导出

021　读取视频并转换格式 …………………………………………………… 041
022　批量转换视频格式 ……………………………………………………… 043
023　分别导出视频的画面和音频 …………………………………………… 047
024　将视频画面导出为一系列图片 ………………………………………… 049
025　将指定时间点的视频画面导出为图片 ………………………………… 051
026　将视频导出为 GIF 动画 ………………………………………………… 053
027　用多张图片合成视频 …………………………………………………… 055

第 3 章　视频画面的编辑

028　旋转视频画面 …………………………………………………………… 059
029　翻转视频画面 …………………………………………………………… 061
030　读取视频时修改画面尺寸 ……………………………………………… 062
031　后期修改视频的画面尺寸 ……………………………………………… 064
032　批量调整多个视频的画面尺寸 ………………………………………… 066
033　为视频画面添加边框 …………………………………………………… 068
034　裁剪视频画面 …………………………………………………………… 069
035　批量裁剪多个视频的画面 ……………………………………………… 072
036　批量裁剪多个视频的画面并添加边框 ………………………………… 074

第 4 章　视频的剪辑

- 037　截取视频的片段 …………………………………… 078
- 038　批量删除多个视频的片头和片尾 ………………… 079
- 039　批量从多个视频中截取相同时长的片段 ………… 081
- 040　通过改变播放速度制作慢播／快播效果 ………… 083
- 041　通过指定时长改变视频的播放速度 ……………… 085
- 042　批量调整多个视频的播放速度 …………………… 086
- 043　制作倒放效果的视频 ……………………………… 088
- 044　制作先正放再倒放的视频 ………………………… 089
- 045　为视频添加淡入／淡出效果 ……………………… 090
- 046　批量为多个视频添加淡入／淡出效果 …………… 092

第 5 章　视频画面明暗与色彩的调整

- 047　将彩色画面转换为灰度画面 ……………………… 095
- 048　修复画面的曝光问题 ……………………………… 096
- 049　提高亮度为画面补光 ……………………………… 098
- 050　增强对比度校正偏灰的画面 ……………………… 100
- 051　同时调整画面的亮度和对比度 …………………… 101
- 052　反转画面颜色打造怀旧底片效果 ………………… 103

第 6 章　视频的拼接与合成

- 053　拼接两个相同尺寸的视频 ………………………… 106

054	拼接两个不同尺寸的视频	107
055	批量拼接多个相同尺寸的视频	108
056	批量拼接多个不同尺寸的视频	110
057	从单个视频中截取多个片段并合成新视频	111
058	批量为多个视频添加片头和片尾	112
059	拼接指定时间段播放的多个视频	114
060	拼接两个视频并添加转场效果	117
061	批量拼接多个视频并添加转场效果	118

第 7 章　视频的特效制作

062	制作镜像分屏特效视频	122
063	制作左右分屏特效视频	124
064	制作横向三分屏特效视频	126
065	制作竖向三分屏特效视频	129
066	批量制作三分屏特效视频	130
067	制作相同内容的四分屏特效视频	132
068	制作不同内容的四分屏特效视频	133
069	叠加视频模拟画中画效果	135
070	将视频画面转换为手绘风格	136
071	批量为多个视频添加录制框特效	138

第 8 章　字幕和水印的添加

072	安装和配置 ImageMagick	142

073 为视频添加标题字幕 …………………………………… 144

074 为标题字幕添加半透明背景 …………………………… 147

075 添加固定位置的字幕 …………………………………… 149

076 添加随机位置的字幕 …………………………………… 151

077 制作渐现／渐隐字幕 …………………………………… 153

078 制作镂空字幕 …………………………………………… 155

079 制作叠加显示的滚动字幕 ……………………………… 157

080 制作分屏显示的滚动字幕 ……………………………… 161

081 为视频添加旁白字幕 …………………………………… 163

082 为视频添加文字水印 …………………………………… 166

083 批量为多个视频添加文字水印 ………………………… 168

084 为视频添加图片水印 …………………………………… 169

085 批量为多个视频添加图片水印 ………………………… 171

第 9 章　音频的剪辑

086 批量转换多个音频文件的格式 ………………………… 174

087 截取音频的片段 ………………………………………… 175

088 批量将多个视频转换为静音效果 ……………………… 177

089 为视频添加背景音乐 …………………………………… 178

090 制作循环播放的背景音乐 ……………………………… 179

091 批量为多个视频添加背景音乐 ………………………… 181

092 调节音频的音量 ………………………………………… 183

093 批量调节多个视频的音频音量 ………………………… 184

094 叠加多个音频 …………………………………………… 185

095 为音频添加淡入/淡出效果 ……………………………………… 186

第 10 章 短视频数据分析

096 绘制饼图分析用户性别占比 …………………………………… 189
097 绘制圆环图分析用户学历水平占比 …………………………… 193
098 绘制柱形图分析用户年龄段分布情况 ………………………… 195
099 绘制条形图分析用户地域分布情况 …………………………… 198
100 绘制折线图分析用户对视频时长的偏好 ……………………… 201
101 绘制组合图表分析视频发布的黄金时间 ……………………… 206

第 11 章 用 AI 工具让短视频飞起来

102 初识 AI 工具 ……………………………………………………… 211
103 提示词编写的原则和技巧 ……………………………………… 213
104 用 AI 工具撰写短视频相关文案 ……………………………… 216
105 用 AI 工具辅助阅读和改写新闻 ……………………………… 219
106 用 AI 工具生成短视频素材图片 ……………………………… 221
107 用 AI 工具辅助编写 Python 代码 …………………………… 222
108 用 AI 工具辅助调试 Python 代码 …………………………… 226

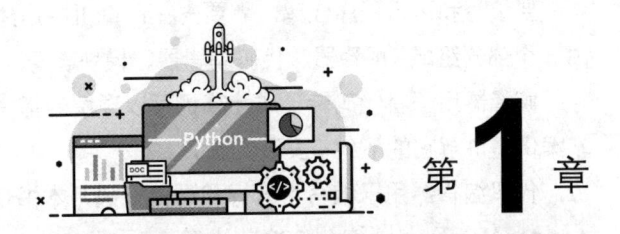

第 1 章

Python 快速入门

　　Python 是一门很适合没有编程基础的人上手学习的编程语言。在视频剪辑中,它能帮助我们高效地完成那些烦琐又耗时的重复性操作。本章将先讲解 Python 编程环境的搭建和使用方法,然后讲解 Python 的基础语法知识,带领读者迈入 Python 编程的大门。

001　Python 解释器——Anaconda 的下载与安装

要编写和运行程序代码，需要先在计算机中搭建相应的编程环境。Python 编程环境主要由 3 个部分组成：解释器、代码编辑器、模块。

解释器用于将代码转译成计算机可以理解的指令，本书建议安装的解释器是 Anaconda，本案例将讲解它的下载与安装方法。

代码编辑器用于编写、运行和调试代码，本书使用的代码编辑器是 Anaconda 中集成的 Jupyter Notebook。案例 002 将讲解 Jupyter Notebook 的基本操作。

模块是预先编写好的功能代码，可以理解为 Python 的扩展工具包，主要分为内置模块和第三方模块两类。相关知识将在案例 003 和案例 004 讲解。

Anaconda 是 Python 的一个发行版本，它不仅包含 Python 解释器，还集成了常用的代码编辑器和第三方模块，为搭建编程环境提供了便利。Anaconda 支持 Windows、macOS、Linux 等主流操作系统，这里以 Windows 10（64 位）为例讲解 Anaconda 的下载与安装。

步骤01 ❶用浏览器打开网址 https://mirrors.tuna.tsinghua.edu.cn/anaconda/archive/，进入清华大学开源软件镜像站的 Anaconda 安装包下载页面，❷单击"Date"列的列标题，让表格按日期升序排序，❸向下滚动页面至底部，查看日期相对较新的安装包，❹根据操作系统的类型单击相应的安装包链接，如"Anaconda3-2024.02-1-Windows-x86_64.exe"，如图 1-1 所示，即可开始下载安装包。

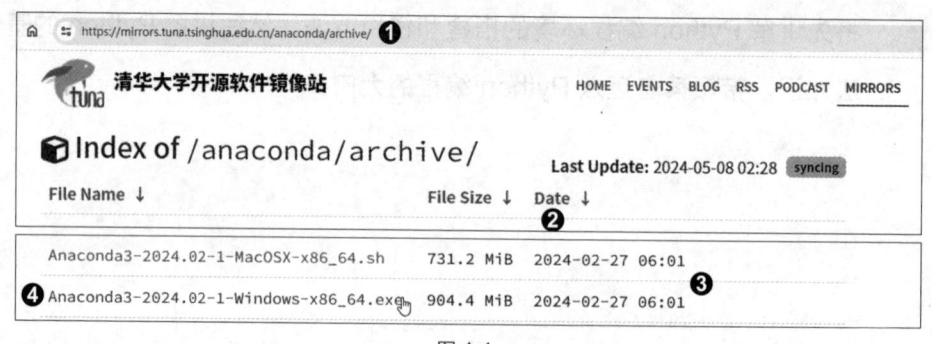

图 1-1

步骤02 双击下载好的安装包，在打开的界面中单击"Next"按钮，进入用户许可协议界面，单击"I Agree"按钮接受协议。

步骤 03 进入选择安装类型的界面，对于新版 Anaconda，❶建议选择默认的"Just Me"（仅为当前用户安装），❷然后单击"Next"按钮，如图 1-2 所示。如果选择"All Users"（为所有用户安装），在后续设置安装选项时会出错。

步骤 04 进入选择安装路径的界面，建议使用默认路径，不做更改，直接单击"Next"按钮，如图 1-3 所示。如果必须更改安装路径，可以单击"Browse"按钮，在打开的对话框中选择新的路径，但要注意路径中不能包含中文字符。

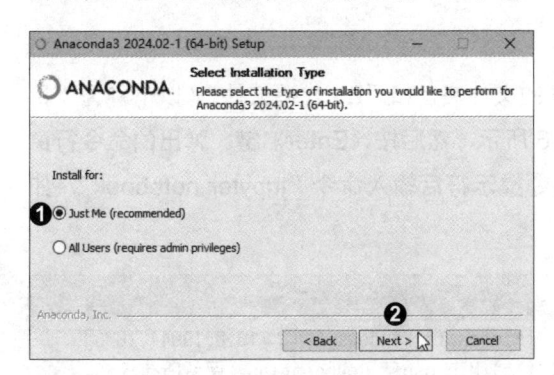

图 1-2

图 1-3

步骤 05 进入设置安装选项的界面，❶建议勾选前 3 个复选框，❷然后单击"Install"按钮，如图 1-4 所示。

步骤 06 随后界面中会显示安装进度，当界面中出现"Installation Complete"的提示文字时，单击"Next"按钮，在下一个界面中同样单击"Next"按钮，进入如图 1-5 所示的界面，❶取消勾选两个复选框，❷单击"Finish"按钮，完成 Anaconda 的安装。

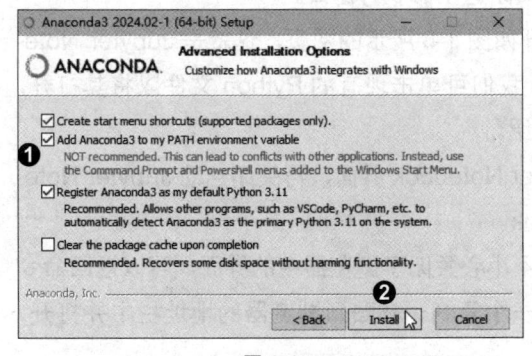

图 1-4

图 1-5

002　Python 代码编辑器——Jupyter Notebook 的基本操作

Jupyter Notebook 是一款运行在浏览器中的代码编辑器，其特点是可以分区块编写和运行代码。Jupyter Notebook 已经集成在 Anaconda 中，安装好 Anaconda 后，不需要做额外的配置就可以使用，非常适合初学者。下面以 Windows 为例，讲解 Jupyter Notebook 的基本操作。

1. 启动和关闭 Jupyter Notebook

在资源管理器中进入用于存放 Python 文件的文件夹，如"E:\代码文件"（以下称为"目标文件夹"），在路径框内输入"cmd"，如图 1-6 所示，然后按〈Enter〉键。弹出的命令行窗口会自动将当前路径切换至目标文件夹，在命令提示符后输入命令"jupyter notebook"，如图 1-7 所示，然后按〈Enter〉键。

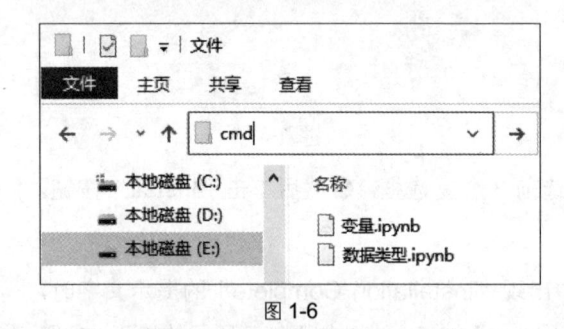

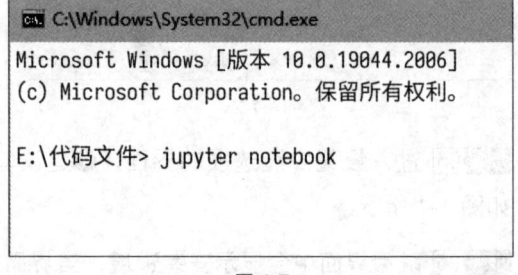

图 1-6

图 1-7

随后在命令行窗口中会以文本的形式显示 Jupyter Notebook 的启动过程。需要注意的是，在启动和使用 Jupyter Notebook 的过程中不能关闭这个命令行窗口。

等待一段时间，会在默认浏览器中自动打开如图 1-8 所示的网页，这就是 Jupyter Notebook 的界面，其中显示了目标文件夹的内容。我们可单击现有的 Python 文件以将其打开，也可创建新的 Python 文件，具体方法后面会介绍。

完成编程工作后，先关闭浏览器中的 Jupyter Notebook 界面，再关闭启动 Jupyter Notebook 的命令行窗口，就关闭了 Jupyter Notebook。

在使用 Jupyter Notebook 的过程中，如果不小心关闭了浏览器中的界面，可以返回命令行窗口，将图 1-9 中标出的两个网址中的任意一个复制、粘贴到浏览器的地址栏中并打开，即可再次进入 Jupyter Notebook 的界面。

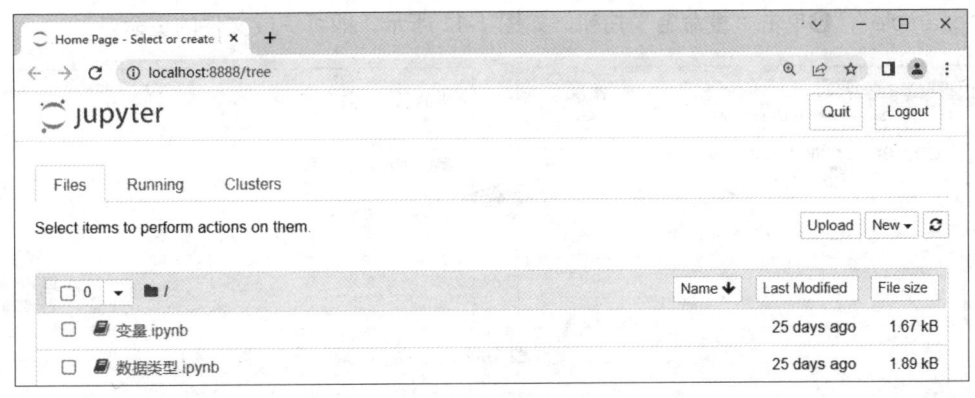

图 1-8

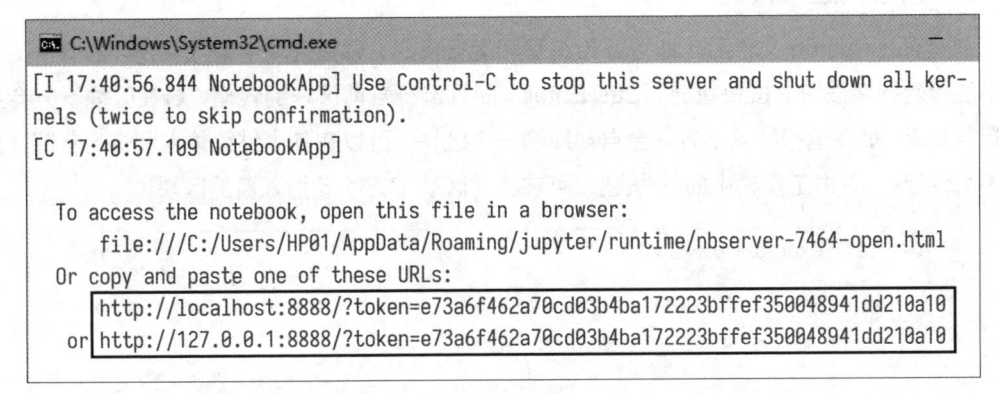

图 1-9

2. 创建和重命名 Python 文件

在编写代码之前，需先创建一个 Python 文件。❶单击 Jupyter Notebook 界面右上角的"New"按钮，❷在展开的列表中选择"Python 3 (ipykernel)"选项，如图 1-10 所示，即可创建 Python 文件。如果需要新建文件夹，则选择"Folder"选项。

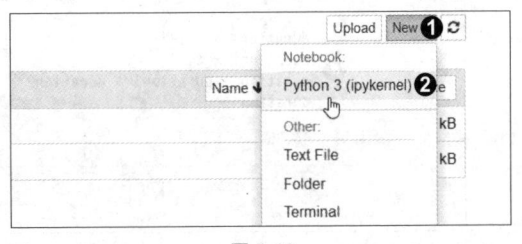

图 1-10

创建的 Python 文件会显示在一个新的标签页中，在该文件的界面顶部会显示文件名，默认值为"Untitled"。❶单击文件名，❷在弹出的"重命名笔记本"对话框中输入新的文件名，如"example",❸单击"重命名"按钮,如图1-11所示,即可完成文件的重命名。

图1-11

3. 编写和运行代码

创建新的Python文件后,即可开始编写和运行代码。❶在区块中输入代码,❷单击工具栏中的"运行"按钮或按快捷键〈Ctrl+Enter〉即可运行当前区块的代码,❸在区块下方会显示运行结果,❹在运行结果下方则会自动新增一个区块,可以在其中继续输入和运行代码,如图1-12所示。单击工具栏中的 + 按钮,可在当前区块下方手动插入新的区块。

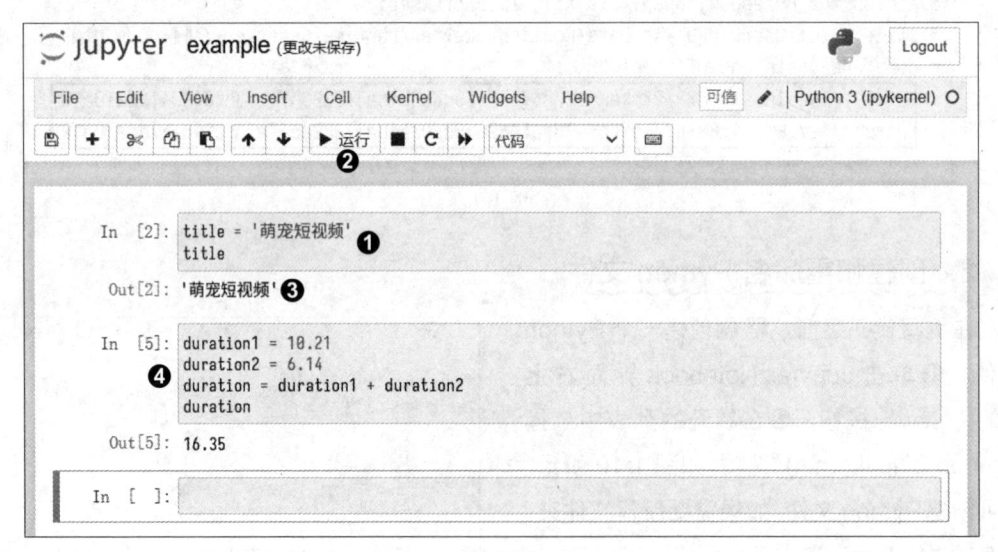

图1-12

Jupyter Notebook会定时自动保存文件,单击工具栏中的 按钮或按快捷键〈Ctrl+S〉可手动保存文件。工具栏中还集成了复制、粘贴等常用功能按钮,读者可自行了解。

003　Python 模块的管理

Python 的模块又称为"库"或"包"。它相当于一个扩展工具库，当用户需要实现某种功能时，可以直接从工具库中取出工具来使用，从而大大提高开发效率。

实际工作中主要使用的模块类型是内置模块和第三方模块。内置模块是指 Python 解释器自带的模块，如 time、random、pathlib 等，在安装好 Python 解释器后即可直接使用。第三方模块则是由 Python 官方开发机构之外的程序员或组织开发的模块。Python 能风靡全球的一个重要原因就是它拥有数量众多的免费第三方模块，例如，处理和分析数据可使用 pandas 模块，剪辑视频可使用 MoviePy 模块。安装 Anaconda 时会自动安装一些第三方模块，而有些第三方模块则需要用户自行安装。

Python 提供了一个管理第三方模块的命令——pip，下面来讲解如何运用该命令完成第三方模块的查询、安装和升级等基本的管理操作。

1. 查询已安装的模块

按快捷键〈■+R〉打开"运行"对话框，❶输入"cmd"，❷单击"确定"按钮，如图 1-13 所示。打开命令行窗口，❸输入命令"pip list"，按〈Enter〉键执行命令，稍等片刻，❹即可看到已安装模块的列表，"Package"列是模块的名称，"Version"列是模块的版本，如图 1-14 所示。如果该列表中已经有了要使用的模块，就不需要安装了。

图 1-13

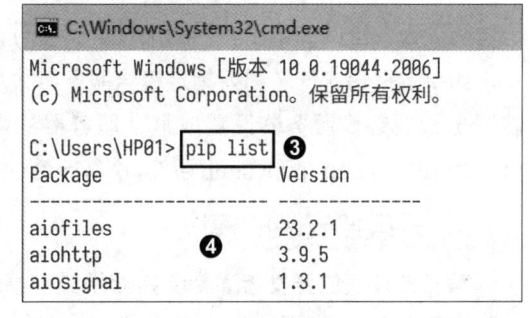

图 1-14

2. 安装模块

下面以 MoviePy 模块为例，介绍使用 pip 命令安装第三方模块的方法。

打开命令行窗口，输入命令"pip install moviepy"，如图 1-15 所示。命令中的"moviepy"是要安装的模块的名称（不区分大小写），如果需要安装其他模块，将"moviepy"改为相应的模块名称即可。按〈Enter〉键执行命令，稍等片刻，如果出现"Successfully installed ×××（模块名称 - 版本号）"的提示文字，说明模块安装成功，之后就可以在编写代码时调用模块的功能了。如果通过 pip 命令重复安装已有的模块，则会显示"Requirement already satisfied"（要求已满足）的提示文字。

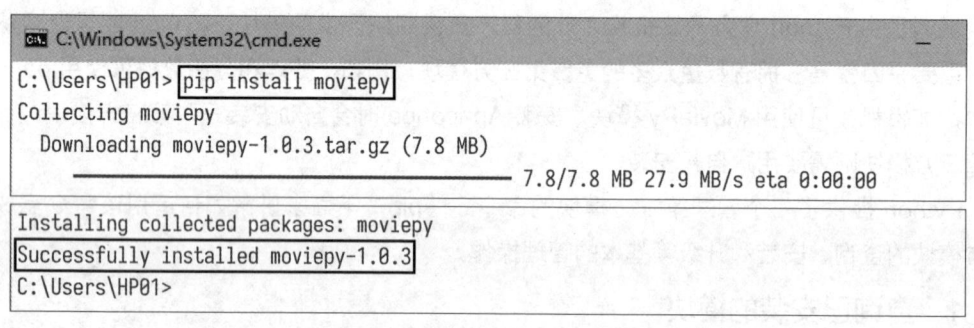

```
C:\Windows\System32\cmd.exe

C:\Users\HP01> pip install moviepy
Collecting moviepy
  Downloading moviepy-1.0.3.tar.gz (7.8 MB)
                                                7.8/7.8 MB 27.9 MB/s eta 0:00:00

Installing collected packages: moviepy
Successfully installed moviepy-1.0.3
C:\Users\HP01>
```

图 1-15

pip 命令默认从设在国外的服务器上下载模块，速度较慢，很容易导致安装中断或失败。要解决这个问题，可将服务器指定为设在国内的镜像服务器。例如，从阿里云的镜像服务器安装 MoviePy 模块的命令为"pip install moviepy -i https://mirrors.aliyun.com/pypi/simple/"。其中，参数"-i"用于指定下载模块的服务器地址，"https://mirrors.aliyun.com/pypi/simple/"则是由阿里云设立的镜像服务器的地址。读者可以自行搜索更多镜像服务器的地址。

如果觉得每次安装都要指定镜像服务器太烦琐，可将镜像服务器设置成默认服务器。例如，将阿里云的镜像服务器设置成默认服务器的命令为"pip config set global.index-url https://mirrors.aliyun.com/pypi/simple/"。执行此命令后，安装模块时就不需要指定镜像服务器了。

3. 升级已安装的模块

第三方模块的开发者通常会持续地维护模块，以修复程序漏洞或增加新的功能。当新版本的模块发布时，用户可以根据需求升级模块。

在查询已安装模块的命令中添加参数"--outdated"或"-o"，可查询有新版本上线的模块。例如，在命令行窗口中输入命令"pip list --outdated"，按〈Enter〉键后稍等片刻，即可看到已安装模块中的所有可升级模块的列表。

在安装模块的命令中添加参数"--upgrade"或"-U",即可升级模块。例如,要升级 MoviePy 模块,则输入命令"pip install moviepy -U",按〈Enter〉键后稍等片刻,如果出现 "Successfully installed ×××(模块名称 - 版本号)"的提示文字,说明模块升级成功。如果模块已是最新版本,则会提示"No matching distribution found"或"Requirement already satisfied"。

004　Python 模块的导入

安装好模块后,还需要在代码中导入模块,才能调用模块的功能。这里讲解导入模块的两种常用方法:import 语句导入法和 from 语句导入法。

1. import 语句导入法

import 语句导入法会导入指定模块中的所有函数,适用于需要使用模块中大量函数的情况。import 语句的基本语法格式如下:

```
import 模块名
```

演示代码如下:

```
1  import random    # 导入random模块(以"#"号开头的内容是注释,见案例020)
2  import math      # 导入math模块
```

用该方法导入模块后,需以"模块名.函数名"的方式调用模块中的函数。演示代码如下:

```
1  import random
2  a = random.randint(1080, 1920)
3  print(a)
```

第 1 行代码表示导入 random 模块中的所有函数。

第 2 行代码表示调用 random 模块中的 randint() 函数来生成 1080～1920 之间的一个随机整数。

第 3 行代码使用 print() 函数输出生成的随机整数。

import 语句导入法的缺点是，如果模块中的函数较多，程序的运行速度会变慢。

> **提示**
>
> print() 函数是 Python 的内置函数，用于在屏幕上输出内容，后面会经常用这个函数输出运行结果。print() 函数的括号中可以用逗号分隔要同时输出的多项内容，输出后这些内容会显示在同一行，并以空格分隔。

2. from 语句导入法

from 语句导入法可以导入指定模块中的指定函数，适用于只需要使用模块中少数几个函数的情况。from 语句的基本语法格式如下：

```
from 模块名 import 函数名
```

演示代码如下：

```
1  from random import randint  # 导入random模块中的单个函数
2  from moviepy.editor import concatenate_videoclips, clips_array  # 从MoviePy模块的editor子模块中导入多个函数
```

使用 from 语句导入法的最大好处是可以直接用函数名调用函数，不需要添加模块名的前缀。演示代码如下：

```
1  from random import randint
2  a = randint(1080, 1920)
3  print(a)
```

第 1 行代码表示导入 random 模块中的 randint() 函数。

因为第 1 行代码中已经写明了要导入哪个模块中的哪个函数，所以第 2 行代码中可以直接用函数名调用 randint() 函数来生成随机整数。

import 语句导入法和 from 语句导入法各有优缺点，读者在编程时可以根据实际需求灵活选择。

> **提示**
>
> 如果模块名或函数名很长，可在导入时用 as 关键字设置简称，以方便后续的调用。通常用模块名或函数名中的某几个字母作为简称，演示代码如下：

```
1  import pandas as pd    # 导入pandas模块，并将其简写为pd
2  from itertools import combinations as cb    # 导入itertools模块中的combinations()函数，并将其简写为cb
```

005　Python 变量的定义

变量是程序代码必不可少的要素之一。简单来说，变量是一个代号，它代表的是一个数据。在 Python 中，定义一个变量的操作分为两步：首先要为变量起一个名字，即变量的命名；然后要为变量指定其所代表的数据，即变量的赋值。这两个步骤在同一行代码中完成。

变量的命名需要遵循如下规则：

● 变量名可以由任意数量的中文字符（不包括中文全角的标点符号）、字母、数字、下划线组合而成，但是不能以数字开头。本书建议用英文字母、数字和下划线来命名变量，如 a、b、c、video1、clip_list 等。为便于输入，通常不在变量名中使用中文字符。

● 变量名中的英文字母是区分大小写的。例如，m 和 M 是两个不同的变量。

● 不要用 Python 的保留字或内置函数来命名变量。例如，不要用 import 或 print 作为变量名，因为前者是 Python 的保留字，后者是 Python 的内置函数，它们都有特殊的含义。

● 变量名最好有一定的意义，能直观地描述变量所代表的数据内容或数据类型。例如，用变量 name 代表内容是姓名的数据，用变量 clip_list 代表类型为列表的数据。

变量的赋值用等号"="来完成，"="的左边是一个变量，右边是该变量所代表的数据。Python 有多种数据类型（将在案例 006 和案例 007 中介绍），但在定义变量时不需要指明其数据类型，在变量赋值的过程中，Python 会自动根据值的数据类型确定变量的数据类型。

定义变量的演示代码如下：

```
1    x = 1
2    print(x)
3    y = x + 25
4    print(y)
```

上述代码中的 x 和 y 就是变量。第 1 行代码表示定义一个名为 x 的变量，并赋值为 1；第 2 行代码表示输出变量 x 的值；第 3 行代码表示定义一个名为 y 的变量，并将变量 x 的值与 25 相加后的结果赋给变量 y；第 4 行代码表示输出变量 y 的值。代码的运行结果如下：

```
1    1
2    26
```

在 Python 中，除了可以为变量赋数字类型的值，还可以赋其他数据类型的值，如字符串、列表等，后面会陆续讲解。

006 Python 的基本数据类型——数字和字符串

Python 中有 6 种基本数据类型：数字、字符串、列表、字典、元组、集合。本案例先介绍其中的数字和字符串。

1. 数字

Python 中的数字分为整型和浮点型两种。

整型数字（用 int 表示）与数学中的整数一样，都是指不带小数点的数字，包括正整数、负整数和 0。下列代码中的数字都是整型数字：

```
1    a = 2024
2    b = -18
3    c = 0
```

浮点型数字（用 float 表示）是指带有小数点的数字。下列代码中的数字都是浮点型数字：

```
1  a = 10.5
2  pi = 3.14159
3  c = -0.27
```

2. 字符串

字符串（用 str 表示）是由一个个字符连接而成的。组成字符串的字符可以是汉字、字母、数字、符号（包括空格）等。字符串的内容需置于一对引号内，引号可以是单引号或双引号，但必须是英文引号，并且要统一。

定义字符串的演示代码如下：

```
1  a = 'Python 3.11.9于2024年4月8日发布。'
2  b = "I'm learning Python."
3  print(a)
4  print(b)
```

第 1 行代码用单引号定义了一个包含汉字、字母、数字、符号等多种类型字符的字符串。

第 2 行代码中的字符串内容包含单引号，所以只能用双引号定义字符串，否则会出现冲突。

代码运行结果如下，可以看到，第 2 行代码中的双引号是定义字符串的引号，不会被 print() 函数输出，而单引号是字符串的内容，会被 print() 函数输出。

```
1  Python 3.11.9于2024年4月8日发布。
2  I'm learning Python.
```

如果需要在字符串中换行，有两种方法。第 1 种方法是使用三引号（3 个连续的单引号或双引号）定义字符串，演示代码如下：

```
1  c = '''两个黄鹂鸣翠柳，
2  一行白鹭上青天。'''
```

```
3    print(c)
```

代码运行结果如下:

```
1    两个黄鹂鸣翠柳,
2    一行白鹭上青天。
```

第2种方法是使用转义字符"\n"来表示换行,演示代码如下:

```
1    d = '两个黄鹂鸣翠柳, \n一行白鹭上青天。'
```

除了"\n"之外,转义字符还有很多,它们大多数是一些特殊字符,并且都以"\"开头。例如,"\t"表示制表符,"\b"表示退格,等等。

提示

初学者要注意区分数字和内容为数字的字符串。例如,下面两行代码定义了两个变量 x 和 y,如果用 print() 函数输出这两个变量的值,屏幕上显示的都是 150,看起来没有任何差别。但是,变量 x 代表整型数字 150,可以参与加减乘除等数学运算,变量 y 代表字符串 '150',不能参与数学运算。

```
1    x = 150
2    y = '150'
```

007 Python 的基本数据类型——列表、字典、元组、集合

列表、字典、元组、集合都是用于组织多个数据的数据类型。

1. 列表

列表(用 list 表示)是最常用的 Python 数据类型之一,它能将多个数据有序地组织在一起,并提供多种调用数据的方式。

1）定义列表

定义一个列表的基本语法格式如下：

列表名 = [元素1，元素2，元素3 ……]

例如，要把代表 5 个短视频标题的字符串存储在一个列表中，演示代码如下：

```
1  name_list = ['雨中小景', '猫咪', '海棠花', '花间蝴蝶', '日出风光']
```

列表元素的数据类型非常灵活，可以是字符串，也可以是数字，甚至可以是另一个列表。下列代码定义的列表就含有 3 种元素：整型数字 8、字符串 '123'、列表 [1, 2, 11.01]。

```
1  a = [8, '123', [1, 2, 11.01]]
```

2）从列表中提取单个元素

列表中的每个元素都有一个索引号。索引号的编号方式有正向和反向两种，如图 1-16 所示。正向索引是从左到右用 0 和正整数编号，第 1 个元素的索引号为 0，第 2 个元素的索引号为 1，依次递增；反向索引是从右到左用负整数编号，倒数第 1 个元素的索引号为 -1，倒数第 2 个元素的索引号为 -2，依次递减。

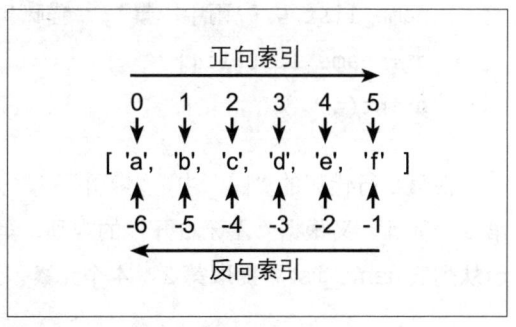

图 1-16

在列表名后加上"[索引号]"，即可从列表中提取单个元素，演示代码如下：

```
1  name_list = ['雨中小景', '猫咪', '海棠花', '花间蝴蝶', '日出风光']
2  a = name_list[2]
3  b = name_list[-1]
4  print(a)
5  print(b)
```

第 2 行代码中的 name_list[2] 表示从列表 name_list 中提取索引号为 2 的元素，即第 3 个元素。第 3 行代码中的 name_list[-1] 表示从列表 name_list 中提取索引号为 -1 的元素，即最后一个元素。运行结果如下：

```
1    海棠花
2    日出风光
```

3）从列表中提取多个元素——列表切片

如果想从列表中一次性提取多个元素，可以使用列表切片，其基本语法格式如下：

```
列表名[索引号1:索引号2]
```

其中，"索引号 1" 对应的元素能取到，"索引号 2" 对应的元素取不到，这一规则称为"左闭右开"。演示代码如下：

```
1    name_list = ['雨中小景', '猫咪', '海棠花', '花间蝴蝶', '日出风光']
2    a = name_list[1:4]
3    print(a)
```

在第 2 行代码的"[ ]"中，"索引号 1"为 1，对应第 2 个元素，"索引号 2"为 4，对应第 5 个元素，又根据"左闭右开"的规则，第 5 个元素是取不到的，因此，name_list[1:4] 表示从列表 name_list 中提取第 2~4 个元素。运行结果如下：

```
1    ['猫咪', '海棠花', '花间蝴蝶']
```

列表切片操作还允许省略"索引号 1"或"索引号 2"，演示代码如下：

```
1    name_list = ['雨中小景', '猫咪', '海棠花', '花间蝴蝶', '日出风光']
2    a = name_list[2:]
3    b = name_list[-3:]
4    c = name_list[:3]
```

```
5    d = name_list[:-2]
```

第 2 行代码表示提取列表 name_list 的第 3 个元素到最后一个元素，得到 "['海棠花', '花间蝴蝶', '日出风光']"。

第 3 行代码表示提取列表 name_list 的倒数第 3 个元素到最后一个元素，得到 "['海棠花', '花间蝴蝶', '日出风光']"。

第 4 行代码表示提取列表 name_list 的第 4 个元素之前的所有元素（根据"左闭右开"的规则，不包含第 4 个元素），得到 "['雨中小景', '猫咪', '海棠花']"。

第 5 行代码表示提取列表 name_list 的倒数第 2 个元素之前的所有元素（根据"左闭右开"的规则，不包含倒数第 2 个元素），得到 "['雨中小景', '猫咪', '海棠花']"。

2．字典

字典（用 dict 表示）是一种配对存储多个数据的数据类型。列表的每个元素只有一个部分，而字典的每个元素都由键（key）和值（value）两个部分组成，中间用冒号分隔。

1）定义字典

定义一个字典的基本语法格式如下：

```
字典名 = {键1: 值1, 键2: 值2, 键3: 值3 ……}
```

假设要把短视频的标题和时长一一配对地存储在一起，就需要使用字典。演示代码如下：

```
1    video_dict = {'雨中小景': 2, '猫咪': 13, '海棠花': 8, '花间蝴蝶': 7,
     '日出风光': 5}
```

2）从字典中提取元素

键相当于一把钥匙，值相当于一把锁，一把钥匙对应一把锁。因此，可以根据键从字典中提取对应的值，基本语法格式如下：

```
字典名['键名']
```

例如，要提取"海棠花"这个短视频的时长，演示代码如下：

```
1  video_dict = {'雨中小景': 2, '猫咪': 13, '海棠花': 8, '花间蝴蝶': 7, '日出风光': 5}
2  duration = video_dict['海棠花']
3  print(duration)
```

运行结果如下：

```
1  8
```

3）在字典中添加和修改元素

在字典中添加和修改元素的基本语法格式如下：

```
字典名['键名'] = 值
```

如果给出的键名是字典中已经存在的，则表示修改该键对应的值；如果给出的键名是字典中不存在的，则表示在字典中添加新的键值对。演示代码如下：

```
1  video_dict = {'雨中小景': 2, '猫咪': 13, '海棠花': 8, '花间蝴蝶': 7, '日出风光': 5}
2  video_dict['海棠花'] = 6
3  video_dict['街头随手拍'] = 9
4  print(video_dict)
```

第 2 行代码表示将字典 video_dict 中"海棠花"的时长修改为 6。第 3 行代码表示在字典 video_dict 中添加新的短视频标题"街头随手拍"，其时长为 9。运行结果如下：

```
1  {'雨中小景': 2, '猫咪': 13, '海棠花': 6, '花间蝴蝶': 7, '日出风光': 5, '街头随手拍': 9}
```

3. 元组和集合

相对于列表和字典来说，元组和集合用得较少，因此这里只做简单介绍。

元组（用 tuple 表示）的定义和使用方法与列表非常相似，区别在于定义列表时使用的符号是中括号 "[ ]"，而定义元组时使用的符号是小括号 "( )"，并且元组中的元素不可修改。元组的定义和使用的演示代码如下：

```
1  a = ('技能分享', '街头采访', '情景短剧', '创意剪辑', '微纪录片')
2  print(a[1:3])
```

从第 2 行代码可以看出，从元组中提取元素的方法和列表是一样的。运行结果如下：

```
1  ('街头采访', '情景短剧')
```

集合（用 set 表示）是由无序且不重复的元素组成的。可用大括号 "{ }" 来定义集合，也可用 set() 函数来创建集合，演示代码如下：

```
1  a = ['技能分享', '街头采访', '情景短剧', '创意剪辑', '情景短剧']
2  print(set(a))
```

运行结果如下。可以看到，生成的集合中自动删除了重复的元素。

```
1  {'技能分享', '情景短剧', '街头采访', '创意剪辑'}
```

008 Python 数据类型的查询

使用 Python 内置的 type() 函数可以查询数据的类型，把要查询的内容放在该函数的括号里即可。演示代码如下：

```
1  fps = 25
2  duration = 10.92
```

```
3    user_id = '1652595260'
4    title = '最美社区花园'
5    print(type(fps))
6    print(type(duration))
7    print(type(user_id))
8    print(type(title))
```

运行结果如下。可以看到，变量 fps 的数据类型是整型数字（int），变量 duration 的数据类型是浮点型数字（float），变量 user_id 和变量 title 的数据类型都是字符串（str）。

```
1    <class 'int'>
2    <class 'float'>
3    <class 'str'>
4    <class 'str'>
```

009　Python 数据类型的转换

Python 提供了许多用于转换数据类型的内置函数，本案例将介绍其中较常用的 str() 函数、int() 函数、float() 函数、list() 函数。

1. str() 函数

str() 函数可以将一个值转换为字符串。演示代码如下：

```
1    a = 3.14159
2    b = str(a)
3    print(type(a))
4    print(type(b))
```

第 2 行代码用 str() 函数将变量 a 所代表的数据的类型转换为字符串，并赋给变量 b。第 3、4 行代码分别输出变量 a 和 b 的数据类型。

运行结果如下。可以看到，变量 a 代表浮点型数字 3.14159，转换后的变量 b 代表字符串 '3.14159'。

```
1  <class 'float'>
2  <class 'str'>
```

2. int() 函数

int() 函数可以将内容为整型数字的字符串转换为整型数字。演示代码如下：

```
1  a = '24'
2  b = int(a)
3  print(type(a))
4  print(type(b))
```

运行结果如下。可以看到，变量 a 代表字符串 '24'，转换后的变量 b 代表整型数字 24。

```
1  <class 'str'>
2  <class 'int'>
```

对于内容不是标准整数的字符串，如 'P70'、'3.14'、'68%'，使用 int() 函数转换时会报错。

int() 函数还可以将浮点型数字转换成整型数字，转换过程中的取整方式不是四舍五入，而是直接舍去小数部分，只保留整数部分。演示代码如下：

```
1  print(int(11.24))
2  print(int(2.68))
```

运行结果如下：

```
1  11
2  2
```

3. float() 函数

float() 函数可以将整型数字和内容为数字（包括整型数字和浮点型数字）的字符串转换为浮点型数字。演示代码如下：

```
1  a = '7.24'
2  b = 3
3  print(type(float(a)))
4  print(float(b))
```

运行结果如下：

```
1  <class 'float'>
2  3.0
```

4. list() 函数

list() 函数可以将一个可迭代对象转换成列表。演示代码如下：

```
1  a = 'hello'
2  b = list(a)
3  print(b)
```

第 2 行代码使用 list() 函数将字符串 a 转换成列表，并赋给变量 b。

运行结果如下。可以看到，转换所得列表中的每一个元素都是原字符串中的一个字符。

```
1  ['h', 'e', 'l', 'l', 'o']
```

010 Python 的运算符——算术运算符

常用的 Python 运算符有算术运算符、赋值运算符、比较运算符、逻辑运算符、序列运算符等。本案例先介绍算术运算符。

算术运算符用于对数字进行数学运算。常用的算术运算符见表 1-1。由于这些运算符的用法比较简单,这里不再进行代码演示。

表 1-1

符号	名称	含义
+	加法运算符	计算两个数相加的和
-	减法运算符	计算两个数相减的差
-	负号	表示一个数的相反数
*	乘法运算符	计算两个数相乘的积
/	除法运算符	计算两个数相除的商
**	幂运算符	计算一个数的某次方
//	取整除运算符	计算两个数相除的商的整数部分(舍弃小数部分,不做四舍五入)
%	取模运算符	常用于计算两个正整数相除的余数

011　Python 的运算符——赋值运算符

前面为变量赋值时使用的"="便是一种赋值运算符。常用的赋值运算符见表 1-2。

表 1-2

符号	名称	含义
=	简单赋值运算符	将运算符右侧的值或运算结果赋给左侧
+=	加法赋值运算符	执行加法运算并将结果赋给左侧
-=	减法赋值运算符	执行减法运算并将结果赋给左侧
*=	乘法赋值运算符	执行乘法运算并将结果赋给左侧
/=	除法赋值运算符	执行除法运算并将结果赋给左侧
**=	幂赋值运算符	执行求幂运算并将结果赋给左侧
//=	取整除赋值运算符	执行取整除运算并将结果赋给左侧
%=	取模赋值运算符	执行取模运算并将结果赋给左侧

下面以加法赋值运算符"+="为例,讲解赋值运算符的运用。演示代码如下:

```
1  width = 1280
2  width += 50
3  print(width)
```

第 2 行代码表示将变量 width 的当前值(1280)与 50 相加,再将计算结果重新赋给变量 width,相当于 width = width + 50。运行结果如下:

```
1  1330
```

012　Python 的运算符——比较运算符

比较运算符又称为关系运算符,用于判断两个值之间的大小关系,其运算结果为 True(真)或 False(假)。常用的比较运算符见表 1-3。

表 1-3

符号	名称	含义
>	大于运算符	判断运算符左侧的值是否大于右侧的值
<	小于运算符	判断运算符左侧的值是否小于右侧的值
>=	大于或等于运算符	判断运算符左侧的值是否大于或等于右侧的值
<=	小于或等于运算符	判断运算符左侧的值是否小于或等于右侧的值
==	等于运算符	判断运算符左右两侧的值是否相等
!=	不等于运算符	判断运算符左右两侧的值是否不相等

比较运算符通常用于构造判断条件,以根据判断结果决定程序的运行方向。下面以小于运算符"<"为例,讲解比较运算符的运用。演示代码如下:

```
1  duration = 3.12
```

```
2    if duration < 5:
3        print('视频素材时长过短')
```

因为 3.12 小于 5，所以运行结果如下：

```
1    视频素材时长过短
```

> **提示**
>
> 初学者需注意区分"="和"=="：前者是赋值运算符，用于给变量赋值；后者是比较运算符，用于比较两个值（如数字）是否相等。

013　Python 的运算符——逻辑运算符

逻辑运算符一般与比较运算符结合使用，其运算结果也为 True（真）或 False（假），因而也常用于构造判断条件。常用的逻辑运算符见表 1-4。

表 1-4

符号	名称	含义
and	逻辑与	只有该运算符左右两侧的值都为 True 时才返回 True，否则返回 False
or	逻辑或	只有该运算符左右两侧的值都为 False 时才返回 False，否则返回 True
not	逻辑非	该运算符右侧的值为 True 时返回 False，为 False 时则返回 True

例如，一个整数只有同时满足"大于或等于 1"和"小于或等于 12"这两个条件时，才能被视为月份值。演示代码如下：

```
1    month = 8
2    if (month >= 1) and (month <= 12):
3        print(month, '是月份值')
```

```
4    else:
5        print(month, '不是月份值')
```

第 2 行代码中,"and"运算符左右两侧的判断条件都加了括号,其实不加括号也能正常运行,但是加上括号能让代码更易于理解。

因为变量 month 的值同时满足设定的两个条件,所以会执行第 3 行代码,不会执行第 5 行代码。运行结果如下:

```
1    8 是月份值
```

如果把第 2 行代码中的"and"换成"or",那么只要满足一个条件,就会执行第 3 行代码。

014 Python 的运算符——序列运算符

序列运算符用于对序列进行连接、复制、成员检测等运算。支持这类运算的常见数据类型有字符串、列表、元组等。

1. 序列的连接

"+"运算符除了能对数字进行加法运算,还能对序列进行连接运算。演示代码如下:

```
1    duration = 8.5
2    info = '视频的时长为:' + str(duration) + '秒'
3    print(info)
4    a = [1, 2, 3]
5    b = ['a', 'b', 'c']
6    c = a + b
7    print(c)
```

第 2 行代码使用"+"运算符将多个字符串连接成一个新的字符串 info。需要注意的是,其中变量 duration 是整型数字,必须先用 str() 函数转换成字符串再参与连接,否则会报错。

第 6 行代码使用 "+" 运算符将列表 a 和 b 连接成一个新的列表 c。

运行结果如下：

```
1  视频的时长为：8.5秒
2  [1, 2, 3, 'a', 'b', 'c']
```

2. 序列的复制

"*" 运算符除了能对数字进行乘法运算，还能对序列进行复制运算。演示代码如下：

```
1  a = 'Hello'
2  b = [1, 2, 3]
3  c = a * 5
4  d = b * 3
5  print(c)
6  print(d)
```

第 3 行代码使用 "*" 运算符将字符串 a 的内容复制 5 份，得到一个新的字符串 c。

第 4 行代码使用 "*" 运算符将列表 b 的元素复制 3 份，得到一个新的列表 d。

运行结果如下：

```
1  HelloHelloHelloHelloHello
2  [1, 2, 3, 1, 2, 3, 1, 2, 3]
```

3. 序列的成员检测

成员检测是指判断一个数据是否为某个序列的成员，相应的运算符是 "in" 和 "not in"。以 "in" 运算符为例，它能检测一个字符串是否包含另一个字符串，或者一个列表是否包含指定的元素，等等。检测结果为真时返回 True，为假时返回 False。演示代码如下：

```
1  a = 'Hello, Python!'
```

```
2  if '!' in a:
3      print('字符串a包含感叹号')
4  b = [1, 2, 3, 4, 5]
5  if 4 in b:
6      print('列表b包含数字4')
```

运行结果如下：

```
1  字符串a包含感叹号
2  列表b包含数字4
```

"not in"运算符进行的是"不包含"的检测，其返回的逻辑值与"in"运算符相反。

015 Python 的控制语句——if 语句

Python 的控制语句主要有条件语句（如 if 语句）和循环语句（如 for 语句、while 语句）。本书用到的是 if 语句和 for 语句，本案例先来介绍 if 语句。

if 语句主要用于根据条件是否成立来执行不同的操作，其基本语法格式如下：

```
1  if 条件：    # 注意不要遗漏冒号
2      代码1   # 注意代码前要有缩进
3  else：       # 注意不要遗漏冒号
4      代码2   # 注意代码前要有缩进
```

在代码运行过程中，if 语句会判断其后的条件是否成立：如果成立，则执行代码 1；如果不成立，则执行代码 2。如果不需要在条件不成立时执行操作，可省略 else 及其后的代码。

提示

if、for、while 等语句都是通过冒号和缩进来区分代码块之间的层级关系的。如果遗漏了冒号或缩进，运行代码时会报错。Python 对缩进量的要求也非常严格，同一个层级的代码块，其缩进量必须一样。此外，有时缩进不正确虽然不会报错，但是会导致 Python 解释器不能正确地理解代码块之间的层级关系，从而得不到预期的运行结果。因此，读者在阅读和编写代码时一定要注意其中的缩进。

Python 没有硬性规定具体的缩进量，本书推荐以 4 个空格（即按 4 次空格键）作为缩进量的基本单位。在 Jupyter Notebook 中，按 1 次〈Tab〉键即可输入 1 个缩进（即 4 个空格），按快捷键〈Shift+Tab〉可减小缩进量。如果要批量调整多行代码的缩进量，可选中这些代码，再按〈Tab〉键统一增加缩进量，或按快捷键〈Shift+Tab〉统一减少缩进量。

在前面的学习中其实已经多次接触到 if 语句，这里再做一个简单的演示。代码如下：

```
1  duration = 12.16
2  if duration <= 10:
3      print('视频时长合适')
4  else:
5      print('视频时长过长')
```

因为变量 duration 的值 12.16 不满足"小于或等于 10"的条件，所以运行结果如下：

```
1  视频时长过长
```

016　Python 的控制语句—— for 语句

for 语句常用于完成指定次数的重复操作，其基本语法格式如下：

```
1  for i in 可迭代对象（如列表、字符串、字典等）：    # 注意不要遗漏冒号
2      要重复执行的代码    # 注意代码前要有缩进
```

用列表作为可迭代对象的演示代码如下：

```
1  video_list = ['雨中小景', '猫咪', '海棠花']
```

```
2  for i in video_list:
3      print(i)
```

在上述代码的运行过程中，for 语句会依次取出列表 video_list 中的元素并赋给变量 i，每取一个元素就执行一次第 3 行代码，直到取完所有元素为止。因为列表 video_list 中有 3 个元素，所以第 3 行代码会被重复执行 3 次，运行结果如下：

```
1  雨中小景
2  猫咪
3  海棠花
```

这里的 i 只是一个代号，可以换成其他变量。例如，将第 2 行代码中的 i 改为 title，则第 3 行代码就要相应改为 print(title)，得到的运行结果是一样的。

除了用列表作为控制循环次数的序列，还可以用字符串、字典等作为序列。如果序列是一个字符串，则 i 代表字符串中的字符；如果序列是一个字典，则 i 代表字典的键。

此外，Python 编程中还常用 range() 函数创建一个整数序列用于控制循环次数，演示代码如下：

```
1  for i in range(3):
2      print('第', i + 1, '次')
```

range() 函数创建的序列默认从 0 开始，并且该函数具有"左闭右开"的特性：起始值可取到，而终止值取不到。因此，第 1 行代码中的 range(3) 表示创建一个整数序列——0、1、2。

运行结果如下：

```
1  第 1 次
2  第 2 次
3  第 3 次
```

017　Python 控制语句的嵌套

控制语句的嵌套是指在一个控制语句中包含一个或多个相同或不同的控制语句。可根据要实现的功能采用不同的嵌套方式，例如，for 语句中嵌套 for 语句，if 语句中嵌套 if 语句，for 语句中嵌套 if 语句，if 语句中嵌套 for 语句，等等。

先举一个在 if 语句中嵌套 if 语句的例子，演示代码如下：

```
1  video_width = 2160
2  video_height = 1080
3  if video_width >= 1920:
4      if video_height >= 1080:
5          print('等比例缩小画面尺寸')
6      else:
7          print('裁剪视频帧宽度')
8  else:
9      print('视频分辨率可能较低')
```

第 3～9 行代码为一个 if 语句，第 4～7 行代码也为一个 if 语句，后者嵌套在前者之中。这个嵌套结构的含义是：如果变量 video_width 的值大于或等于 1920，且变量 video_height 的值大于或等于 1080，则输出"等比例缩小画面尺寸"；如果变量 video_width 的值大于或等于 1920，且变量 video_height 的值小于 1080，则输出"裁剪视频帧宽度"；如果变量 video_width 的值小于 1920，则无论变量 video_height 的值为多少，都输出"视频分辨率可能较低"。因此，代码的运行结果如下：

```
1  等比例缩小画面尺寸
```

再举一个在 for 语句中嵌套 if 语句的例子，演示代码如下：

```
1  for i in range(4):
2      if i % 2 == 0:
```

```
3            print(i, '是偶数')
4        else:
5            print(i, '是奇数')
```

第 1~5 行代码为一个 for 语句，第 2~5 行代码为一个 if 语句，后者嵌套在前者之中。第 1 行代码中 for 语句和 range() 函数的结合使用让 i 可以依次取值 0、1、2、3，然后进入 if 语句，当 i 被 2 整除的余数等于 0 时，输出 i 是偶数的判断结果，否则输出 i 是奇数的判断结果。因此，代码的运行结果如下：

```
1    0 是偶数
2    1 是奇数
3    2 是偶数
4    3 是奇数
```

018 Python 的内置函数

函数就是把具有独立功能的代码块组织成一个小模块，在需要时直接调用。函数又分为内置函数和自定义函数：内置函数是 Python 的开发者已经编写好的函数，用户可直接调用；自定义函数则是用户自行编写的函数。

Python 中有很多内置函数，如前面介绍过的 print()、type()、str()、int()、float()、list()、range() 等。本案例再介绍几个常用的内置函数。

1. len() 函数

len() 函数可以统计列表的长度（元素个数）和字符串的长度（字符个数），演示代码如下：

```
1    video_list = ['雨中小景', '猫咪', '海棠花']
2    video_type = 'MP4格式'
3    print(len(video_list))
4    print(len(video_type))
```

运行结果如下：

```
1  3
2  5
```

2. append() 函数

append() 函数可以在列表的末尾添加元素，其基本语法格式如下：

```
列表名.append(要添加的元素)
```

演示代码如下：

```
1  video_list = []    # 创建一个空列表
2  video_list.append('雨中小景')    # 给列表添加一个元素
3  print(video_list)
4  video_list.append('猫咪')    # 给列表再添加一个元素
5  print(video_list)
```

运行结果如下：

```
1  ['雨中小景']
2  ['雨中小景', '猫咪']
```

3. zip() 函数

zip() 函数以可迭代对象（如字符串、列表、元组等）作为参数，将对象中对应的元素一一配对，打包成一个个元组。其基本语法格式如下：

```
zip(可迭代对象1，可迭代对象2，可迭代对象3 ……)
```

zip() 函数经常与 for 语句结合使用，演示代码如下：

```python
title_list = ['雨中小景', '猫咪', '海棠花']
duration_list = [2, 13, 8]
for i in zip(title_list, duration_list):
    print(i)
```

运行结果如下：

```
('雨中小景', 2)
('猫咪', 13)
('海棠花', 8)
```

如果各个可迭代对象的长度不一致，zip() 函数返回的元组个数等于最短的对象的长度。

4. enumerate() 函数

enumerate() 函数可以将一个可迭代对象的元素序号和元素本身一一配对，打包成一个个元组。其基本语法格式如下：

```
enumerate(可迭代对象，序号起始值（默认值为0）)
```

enumerate() 函数经常与 for 语句结合使用，演示代码如下：

```python
title_list = ['雨中小景', '猫咪', '海棠花']
for i in enumerate(title_list, 1):
    print(i)
```

运行结果如下：

```
(1, '雨中小景')
(2, '猫咪')
(3, '海棠花')
```

019　Python 的自定义函数

内置函数的数量毕竟是有限的，只靠内置函数不可能实现所有的功能，因此，编程中常常需要将频繁使用的代码编写为自定义函数。

1. 函数的定义与调用

在 Python 中使用 def 语句来定义一个函数，其基本语法格式如下：

```
1  def 函数名(参数):    # 注意不要遗漏冒号，参数可以有一个或多个，也可以没有
2      实现函数功能的代码    # 注意代码前要有缩进
```

演示代码如下：

```
1  def my_func(t):
2      print(t ** 3)
3  my_func(8)
```

第 1、2 行代码定义了一个函数 my_func()，其只有一个参数 t，其功能是输出 t 的值的 3 次方。第 3 行代码调用 my_func() 函数，并用 8 作为函数的参数值。运行结果如下：

```
1  512
```

从上述代码可以看出，函数的调用很简单，只需要输入函数名和括号，如 my_func()。如果函数含有参数，如 my_func(t) 中的 t，那么在函数名后的括号中输入参数值即可。如果将上述第 3 行代码修改为 my_func(2)，那么运行结果就是 8。

定义函数时的参数称为形式参数，它只是一个代号，可以换成其他内容。例如，可以把上述第 1 行代码中的 t 改成 s，则第 2 行代码要相应改为 "print(s ** 3)"。

定义函数时也可以设置多个参数。以定义含有两个参数的函数为例，演示代码如下：

```
1  def my_func(t, s):
2      print((t + s) ** 3)
```

```
3    my_func(2, 8)
```

因为第 1 行代码在定义函数时指定了两个参数 t 和 s，所以第 3 行代码在调用函数时就需要在括号中输入两个参数值。运行结果如下：

```
1    1000
```

定义函数时也可以不要参数，演示代码如下：

```
1    def my_func():
2        t = 5
3        print(t + 1)
4    my_func()
```

因为第 1~3 行代码在定义函数时没有设置参数，所以第 4 行代码直接输入函数名和括号就可以调用函数（注意不能省略括号）。运行结果如下：

```
1    6
```

2. 定义有返回值的函数

在前面的例子中，定义函数时都是直接输出运行结果，之后就无法使用这个结果了。如果之后还要使用函数的运行结果，要在定义函数时用 return 语句设置返回值。演示代码如下：

```
1    def my_func(t):
2        return t ** 3
3    result = my_func(8)
4    print(result)
```

第 1、2 行代码定义的 my_func() 函数的功能不是直接输出运算结果，而是将运算结果作为函数的返回值返回给调用函数的代码。第 3 行代码在执行时会先调用 my_func() 函数，并以 8 作为函数的参数值，my_func() 函数内部使用参数值进行运算，得到的结果为 512，再将 512 返回给第 3 行代码，赋给变量 result。运行结果如下：

```
1    512
```

3. 变量的作用域

简单来说，变量的作用域是指变量起作用的代码范围。具体到函数的定义，函数内使用的变量与函数外的代码是没有关系的。演示代码如下：

```
1    t = 8
2    def my_func(t):
3        t *= 2
4        print(t)
5    my_func(8)
6    print(t)
```

运行结果如下：

```
1    16
2    8
```

第 4 行和第 6 行代码同样是输出变量 t 的值，为什么输出的结果不同呢？这是因为函数 my_func(t) 里面的 t 和外面的 t 没有关系。之前讲过，函数的参数只是一个代号，可以把函数 my_func(t) 中的 t 改成其他变量名，如 s，演示代码如下：

```
1    t = 8
2    def my_func(s):
3        s *= 2
4        print(s)
5    my_func(8)
```

```
6    print(t)
```

运行结果如下：

```
1    16
2    8
```

可以发现，两段代码的运行结果一样。my_func(t) 中的 t 或者说 my_func(s) 中的 s 只在函数内部生效，并不会影响外部的变量。正如前面所说，函数的形式参数只是一个代号，属于函数内的局部变量，并不会影响函数外部的变量。

020 Python 的注释

注释不参与代码的运行，其主要作用是解释和说明代码的功能和编写思路等，以提高代码的可读性和可维护性。

1. 注释的编写原则

在编写注释时，建议遵循以下原则：

• 注释应清晰明了地解释代码的目的或复杂部分的功能，在尽量保持简洁性的同时确保传达足够的信息，不能过于冗长或含糊不清，以便让阅读代码的人能够快速理解代码。

• 注释应侧重于解释代码为何这样写，即代码背后的逻辑或算法原理，而不是简单地重复代码本身已经表达的信息。

• 并非每一行代码都需要注释。过度的注释可能会使代码显得杂乱无章，应注意避免。

• 当代码发生变化时，应确保相关的注释也得到更新。过时的注释可能会导致误解，比没有注释更糟糕。

2. 注释的格式

Python 代码的注释分为单行注释和多行注释两种格式。

1）单行注释

单行注释以"#"号开头，后接注释内容。单行注释可作为单独的一行放在被注释代码的

上方,也可放在被注释代码的后面。为了增强代码的可读性,建议在编写单行注释时遵循以下规范:

- "#"号和注释内容之间要有一个空格。
- 单行注释放在被注释代码后面时,"#"号和代码之间至少要有两个空格。

2)多行注释

当注释内容较多,放在一行中不便于阅读时,可以使用多行注释。在 Python 中,多行注释的写法是用一对三引号将注释内容括起来。

包含不同格式注释的演示代码如下:

```
1  '''
2  这段代码的主要功能是判断一系列整数的奇偶性,
3  主要目的是向初学者演示Python控制语句的嵌套。
4  '''
5  # 外层的for语句
6  for i in range(4):    # 注意range()函数的"左闭右开"特性
7      # 内层的if语句
8      if i % 2 == 0:    # 注意代表"等于"的运算符是两个等号
9          print(i, '是偶数')
10     else:
11         print(i, '是奇数')
```

第1~4行是多行注释。第5、7行是单独成行的单行注释。第6、8行代码的单行注释则是放在代码的后面。

> **提示**
>
> 在调试程序时,如果有暂时不需要运行的代码,不必将其删除,可以先将其转换成注释,等调试结束后再取消注释。

第 2 章
视频的导入和导出

在学习了 Python 编程必备的基础知识后，从本章开始将进入短视频后期制作的学习。

短视频后期制作中最基本的操作就是视频的导入和导出。本章将讲解如何通过编写 Python 代码来导入和导出视频，包括视频格式的转换、将视频导出为图片、用图片合成视频等。在开始阅读之前，请读者确认已经按照案例 003 讲解的方法安装了 MoviePy 模块。

021 读取视频并转换格式

◎ 代码文件：实例文件\02\021\读取视频并转换格式.ipynb
◎ 素材文件：实例文件\02\021\鲸鲨.mov、蝴蝶.mp4

◎ 应用场景

不同的视频剪辑软件和短视频平台支持的视频格式不同，因此，在视频后期制作中经常需要转换视频格式。本案例将使用 MoviePy 模块实现 MOV 格式和 MP4 格式的相互转换。

◎ 实现代码

```python
1  from moviepy.editor import VideoFileClip  # 从MoviePy模块的editor子模块中导入VideoFileClip类
2  video_clip1 = VideoFileClip('鲸鲨.mov')  # 读取要转换格式的视频
3  video_clip1.write_videofile('鲸鲨.mp4')  # 将视频导出为MP4格式
4  video_clip2 = VideoFileClip('蝴蝶.mp4')  # 读取要转换格式的视频
5  video_clip2.write_videofile('蝴蝶.mov', codec='libx264')  # 将视频导出为MOV格式
```

◎ 代码解析

第 1 行代码用于从 MoviePy 模块的 editor 子模块中导入 VideoFileClip 类。

第 2 行代码使用 VideoFileClip 类读取要转换格式的视频文件"鲸鲨.mov"，读者可根据实际需求修改文件路径。这里使用的文件路径是相对路径，也可以使用绝对路径，相关知识见本案例的"知识延伸"，以下不再一一解释。

第 3 行代码将读取的视频以 MP4 格式导出到当前工作目录下，文件名为"鲸鲨.mp4"，读者可根据实际需求修改文件路径。

第 4 行代码使用 VideoFileClip 类读取要转换格式的视频文件"蝴蝶.mp4"。

第 5 行代码将读取的视频以 MOV 格式导出到当前工作目录下，文件名为"蝴蝶.mov"，使用的编解码器为"libx264"。

◎ 知识延伸

（1）文件路径分为绝对路径和相对路径：绝对路径是指以根文件夹为起点的完整路径，Windows 的路径以 "C:\" "D:\" "E:\" 等作为根文件夹，Linux 和 macOS 的路径则以 "/" 作为根文件夹；相对路径是指以当前工作目录（当前代码文件所在的文件夹）为起点的路径。

以 Windows 为例，假设当前代码文件位于文件夹 "E:\new\02\021" 下，该文件夹下还有一个文件 "today.mp4"，那么在当前代码文件中引用该文件时，可使用绝对路径 "E:\new\02\021\today.mp4"，也可使用相对路径 "today.mp4"。

Python 代码中的路径通常以字符串的形式给出。但是，Windows 路径的分隔符 "\" 在 Python 中有特殊含义（如 "\n" 表示换行，"\t" 表示制表符，详见案例 006），会给路径的表达带来一些麻烦。因此，在 Python 代码中书写 Windows 路径字符串需要使用以下 3 种格式：

```
1    r'E:\new\02\021\today.mp4'      # 为字符串加上前缀 "r"
2    'E:\\new\\02\\021\\today.mp4'   # 用 "\\" 代替 "\"
3    'E:/new/02/021/today.mp4'       # 用 "/" 代替 "\"
```

（2）第 1 行代码导入的 VideoFileClip 类用于读取视频文件，其常用语法格式如下，各参数的说明见表 2-1。

```
VideoFileClip(filename, audio=True, target_resolution=None)
```

表 2-1

参数	说明
filename	指定要读取的视频文件的路径（相对路径或绝对路径皆可），支持 MP4、MOV、MPEG、AVI、FLV 等视频格式
audio	指定是否读取视频中的音频部分。设置为 True（默认值）时表示读取，设置为 False 时表示不读取
target_resolution	如果读取视频时需要更改画面尺寸，可通过该参数指定帧高度和帧宽度。参数值为一个含有两个元素的列表或元组，两个元素分别为帧高度和帧宽度。如果不需要更改视频的画面尺寸，则省略此参数

（3）第 3、5 行代码中的 write_videofile() 函数用于导出视频文件，其常用语法格式如下，

各参数的说明见表 2-2。

```
write_videofile(filename, fps=None, codec=None, audio=True)
```

表 2-2

参数	说明
filename	指定导出文件的路径（相对路径或绝对路径皆可），支持 MP4、MOV、AVI、MPEG、FLV 等格式
fps	指定帧率（每秒编码的帧数）。帧率会影响视频画面的流畅度：帧率越大，画面看起来越流畅；帧率越小，画面越容易呈现跳动感
codec	指定视频文件的编解码器。如果参数 filename 给出的路径中文件扩展名为 ".mp4" ".ogv" ".webm"，会自动选择编解码器。对于其他文件扩展名，则需要手动指定对应的编解码器
audio	设置为 True（默认值）时表示导出视频时也导出音频，设置为 False 时则不导出音频

◎ 运行结果

运行本案例的代码后，在当前工作目录下可以看到转换格式得到的视频文件"蝴蝶.mov"和"鲸鲨.mp4"，如图 2-1 所示。

图 2-1

022 批量转换视频格式

◎ 代码文件：实例文件 \ 02 \ 022 \ 批量转换视频格式.ipynb
◎ 素材文件：实例文件 \ 02 \ 022 \ 海滨_转换前（文件夹）

◎ 应用场景

如果有多个视频文件需要转换格式，可以使用 for 语句构造循环，实现批量处理。文件夹

"海滨_转换前"下有多个 MP4 格式和 MOV 格式的视频文件,现在需要将所有非 MP4 格式的文件转换成 MP4 格式。

◎ **实现代码**

```python
from pathlib import Path  # 导入pathlib模块中的Path类
from shutil import copy  # 导入shutil模块中的copy()函数
from moviepy.editor import VideoFileClip  # 从MoviePy模块的editor子模块中导入VideoFileClip类
src_folder = Path('海滨_转换前')  # 指定来源文件夹(用于存放待处理的视频文件)的路径
des_folder = Path('海滨_转换后')  # 指定目标文件夹(用于存放处理后的视频文件)的路径
if not des_folder.exists():  # 如果目标文件夹不存在
    des_folder.mkdir(parents=True)  # 创建目标文件夹
for i in src_folder.glob('*'):  # 遍历来源文件夹
    if i.is_file():  # 当遍历到的路径指向一个文件时才执行后续操作
        if i.suffix.lower() != '.mp4':  # 当文件扩展名不为".mp4"时进行格式转换
            video_clip = VideoFileClip(str(i))  # 读取该文件
            new_file = des_folder / (i.stem + '.mp4')  # 构造转换视频格式后的文件的路径
            video_clip.write_videofile(str(new_file))  # 导出转换格式后的视频
        else:
            copy(i, des_folder)  # 否则直接将文件复制到目标文件夹
```

◎ **代码解析**

第 1 行代码用于导入 pathlib 模块中的 Path 类。pathlib 模块是 Python 的内置模块,主要用于完成文件和文件夹路径的相关操作。

第 2 行代码用于导入 shutil 模块中的 copy() 函数。shutil 模块也是 Python 的内置模块，它提供的函数可以对文件和文件夹进行复制、移动等操作。

第 3 行代码用于从 MoviePy 模块的 editor 子模块中导入 VideoFileClip 类。

第 4、5 行代码分别用于指定来源文件夹和目标文件夹的路径，读者可根据实际需求修改路径。

目标文件夹必须真实存在，否则导出文件时会报错。第 6、7 行代码表示如果第 5 行代码指定的目标文件夹不存在，就创建该文件夹。

第 8 行代码结合使用 for 语句和路径对象的 glob() 函数遍历来源文件夹的内容，此时变量 i 代表来源文件夹下的一个文件或一个子文件夹的路径。

变量 i 代表的可能是文件，也可能是文件夹，而只有文件才是本案例的操作对象。因此，这里用第 9 行代码判断变量 i 是否指向文件，如果是文件，才继续往下执行。

当变量 i 代表的是文件时，还要按扩展名是否为 ".mp4" 分别做不同的处理。第 10 行代码用于判断文件的扩展名是否为 ".mp4"。如果不是 ".mp4"，则执行第 11～13 行代码，读取文件并导出为 MP4 格式，存放到目标文件夹下。如果是 ".mp4"，则执行第 15 行代码，直接将文件复制到目标文件夹。

◎ 知识延伸

（1）第 1 行代码中导入的 Path 类代表操作系统中文件夹和文件的路径。要使用 Path 类的功能，需先将其实例化为一个路径对象（第 4、5 行代码）。类、对象、实例化是面向对象编程中的概念，读者可以不必深究，只需记住代码的书写格式。

（2）第 6 行代码中的 exists() 函数是路径对象的函数，其功能是判断路径指向的文件或文件夹是否存在，存在时返回 True，不存在时返回 False。

（3）第 7 行代码中的 mkdir() 函数是路径对象的函数，其功能是按照指定的路径创建文件夹。参数 parents 设置为 True，表示自动创建多级文件夹。

（4）第 8 行代码中的 glob() 函数是路径对象的函数，其功能是查找名称符合指定规则的文件或子文件夹，并返回它们的路径。括号里的参数是查找条件，可在其中使用通配符来进行模糊查找："*" 用于匹配任意数量的（包括 0 个）任意字符；"?" 用于匹配单个任意字符；"[]" 用于匹配指定范围内的字符。如果不使用通配符，则表示进行精确查找。

（5）第 9 行代码中的 is_file() 函数用于判断路径是否指向文件，指向文件时返回 True，否则返回 False。与之对应的是 is_dir() 函数，用于判断路径是否指向文件夹。

（6）第 10、12 行代码中的 suffix 和 stem 是路径对象的属性，分别用于返回扩展名和主文件名。例如，文件名"海葵.mp4"中的".mp4"为扩展名，"海葵"为主文件名。如果要获取完整的文件名，可以使用 name 属性。

（7）第 12 行代码中的"/"是 pathlib 模块中用于拼接路径的运算符。演示代码如下：

```
1  from pathlib import Path
2  file_parent = Path('E:/实例文件/素材文件/02')
3  file_name = '海葵.mp4'
4  file_path = file_parent / file_name
5  print(file_path)
```

运行结果如下：

```
1  E:\实例文件\素材文件\02\海葵.mp4
```

（8）第 15 行代码中的 copy() 函数是 shutil 模块中的一个函数，用于将文件复制到指定的路径。该函数的语法格式如下，各参数的说明见表 2-3。

```
copy(src, dst)
```

表 2-3

参数	说明
src	指定要复制的文件的路径
dst	指定复制操作的目标路径。该路径必须真实存在，否则运行时会报错

◎ 运行结果

文件夹"海滨_转换前"中的视频文件如图 2-2 所示。运行本案例的代码后，可在当前工作目录下看到新增的文件夹"海滨_转换后"，打开该文件夹，可看到批量转换格式得到的 MP4 文件，如图 2-3 所示。

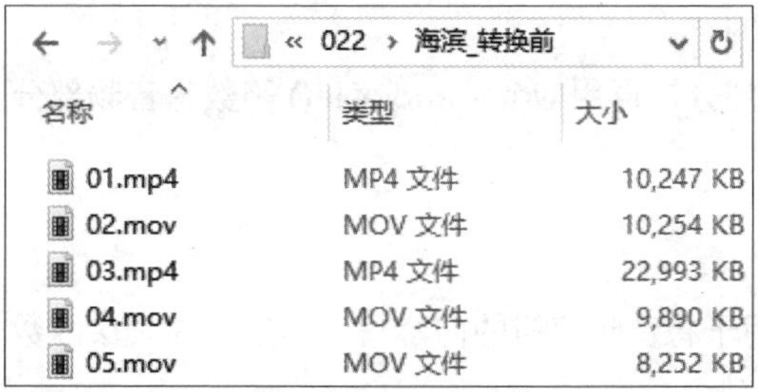

图 2-2

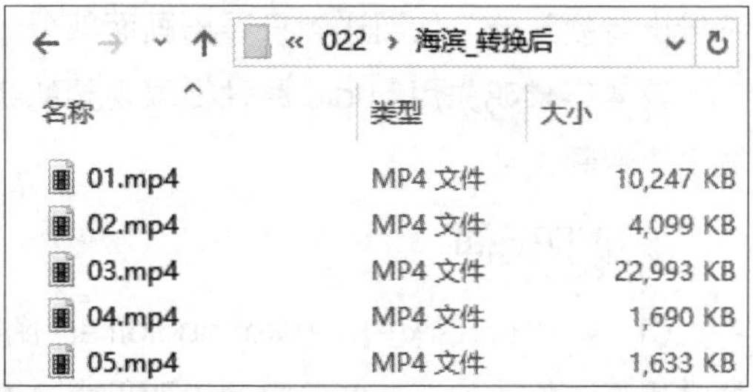

图 2-3

023 分别导出视频的画面和音频

◎ 代码文件：实例文件\02\023\分别导出视频的画面和音频.ipynb
◎ 素材文件：实例文件\02\023\小丑鱼.mp4

◎ 应用场景

如果需要将一段视频的画面部分与音频部分分离，可以用 MoviePy 模块读取视频文件，再分别导出画面部分和音频部分。

◎ 实现代码

```
1  from moviepy.editor import VideoFileClip   # 从MoviePy模块的editor子模块中导入VideoFileClip类
2  video_clip = VideoFileClip('小丑鱼.mp4')   # 读取视频文件
3  video_clip.write_videofile('小丑鱼-画面.mp4', audio=False)   # 导出视频的画面部分
4  video_clip.audio.write_audiofile('小丑鱼-音频.mp3')   # 导出视频的音频部分
```

◎ 代码解析

第 2 行代码用于读取视频文件"小丑鱼.mp4"，读者可根据实际需求修改文件路径。

第 3 行代码使用 write_videofile() 函数导出视频，其中将参数 audio 设置为 False，表示

不导出音频部分，从而达到只导出画面部分的目的。

第 4 行代码先用 audio 属性提取视频的音频部分，再用 write_audiofile() 函数将音频部分导出为音频文件。

◎ 知识延伸

（1）第 4 行代码中的 write_audiofile() 函数用于将音频剪辑的内容写入指定文件。该函数的常用语法格式如下，各参数的说明见表 2-4。

```
write_audiofile(filename, fps=None, nbytes=2, codec=None, bitrate=None)
```

表 2-4

参数	说明
filename	指定输出音频文件的路径
fps	指定输出音频的帧率。如果省略，则使用原视频或原音频的帧率
nbytes	指定输出音频的采样位宽（位深度）。设置为 2（默认值）时表示输出 16 位音频，设置为 4 时表示输出 32 位音频
codec	指定输出音频的编解码器。如果省略，则根据参数 filename 给出的路径中的文件扩展名自动选择编解码器
bitrate	指定输出音频的比特率，以字符串的形式表示，如 '50k'、'500k'、'3000k'。比特率越大，输出的音频质量越高，占用的存储空间也越大

（2）音频部分的提取还可以使用如下代码：

```
1  from moviepy.editor import AudioFileClip  # 从MoviePy模块的editor子
   模块中导入AudioFileClip类
2  audio_clip = AudioFileClip('小丑鱼.mp4')  # 读取视频文件的音频部分
3  audio_clip.write_audiofile('小丑鱼-音频.mp3')  # 导出音频部分
```

第 1 行代码中导入的 AudioFileClip 类用于读取音频文件或视频文件的音频部分。其最常用的参数是 filename，用于指定要读取的文件的路径。

◎ 运行结果

运行本案例的代码后,可在当前工作目录下看到分别导出的视频文件"小丑鱼-画面.mp4"和音频文件"小丑鱼-音频.mp3",如图 2-4 所示。

图 2-4

024 将视频画面导出为一系列图片

◎ 代码文件:实例文件\02\024\将视频画面导出为一系列图片.ipynb
◎ 素材文件:实例文件\02\024\日落.mp4

◎ 应用场景

视频画面实际上是由一系列静态图像组成的,每幅图像称为一帧。使用 MoviePy 模块的 write_images_sequence() 函数可以轻松地将视频的帧批量导出为静态图片。

◎ 实现代码

```
1  from pathlib import Path  # 导入pathlib模块中的Path类
2  from moviepy.editor import VideoFileClip  # 从MoviePy模块的editor子模块中导入VideoFileClip类
3  des_folder = Path('日落')  # 指定目标文件夹(用于存放图片)的路径
4  if not des_folder.exists():  # 如果目标文件夹不存在
5      des_folder.mkdir(parents=True)  # 创建目标文件夹
6  video_clip = VideoFileClip('日落.mp4')  # 读取视频文件
7  img_path = des_folder / '图片%03d.jpg'  # 构造导出图片文件的路径
8  video_clip.write_images_sequence(str(img_path), fps=2)  # 将视频画面导出为指定路径下的图片文件
```

◎ 代码解析

第 3～5 行代码用于指定和创建目标文件夹，导出的图片将存放在该文件夹下。

第 6 行代码用于读取要批量导出视频画面的视频文件"日落.mp4"。

第 7 行代码用于构造导出图片文件的路径。路径中的"图片%03d.jpg"代表图片文件名的格式，可根据实际需求更改。其中"图片"和".jpg"是文件名中的固定部分，而"%03d"则是可变部分，运行时会依次变为 000、001、002⋯⋯

第 8 行代码用于将视频的画面每秒导出两帧，存放在第 7 行代码构造的路径下。

◎ 知识延伸

（1）第 8 行代码中的 write_images_sequence() 函数用于将视频帧批量导出为静态图片。该函数的语法格式如下，各参数的说明见表 2-5。

```
write_images_sequence(nameformat, fps=None)
```

表 2-5

参数	说明
nameformat	指定图片的存储位置和文件名，在文件名中可以使用格式化字符串。例如，文件名"pic%03d.png"中的"pic"是文件名的开头；"%03d"是格式化字符串，代表 3 位的数字编号，如果将 3 更改为 2，则代表两位的数字编号；扩展名".png"代表图片的编码格式为 PNG
fps	指定每秒导出帧的数量。例如，设置为 5 表示每秒导出 5 帧，设置为 10 表示每秒导出 10 帧。若省略该参数，则按视频的原始帧率导出图片

（2）第 7 行代码中的"%03d"是一个格式化字符串，用于将数字格式化成指定的位数。其中的 3 表示 3 位数字，当原数字的位数小于 3 时自动在前面补 0，当原数字的位数大于或等于 3 时不做改变。演示代码如下：

```
1  a = 5
2  b = 150
3  c = 15000
4  print('a = %03d' % a)
```

```
5  print('b = %03d' % b)
6  print('c = %03d' % c)
```

运行结果如下：

```
1  a = 005
2  b = 150
3  c = 15000
```

◎ 运行结果

利用"属性"对话框可以看到原视频文件的时长约 15 秒，如图 2-5 所示。本案例的代码将 write_images_sequence() 函数的参数 fps 设置为 2，故会导出约 30 帧画面。运行代码后，可在文件夹"日落"下看到从视频中导出的约 30 张 JPG 格式图片，如图 2-6 所示。

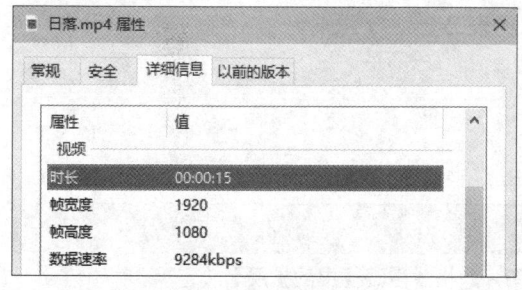

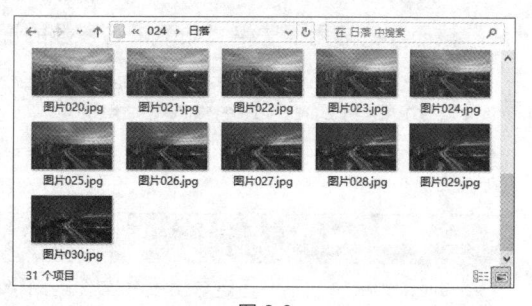

图 2-5

图 2-6

025　将指定时间点的视频画面导出为图片

◎ 代码文件：实例文件\02\025\将指定时间点的视频画面导出为图片.ipynb
◎ 素材文件：实例文件\02\025\运动鞋.mp4

◎ 应用场景

如果只需要截取某个时间点的画面，可使用 MoviePy 模块中的 save_frame() 函数来实现。

◎ 实现代码

```
1  from moviepy.editor import VideoFileClip   # 从MoviePy模块的editor子模块中导入VideoFileClip类
2  video_clip = VideoFileClip('运动鞋.mp4')   # 读取视频文件
3  video_clip.save_frame('运动鞋.jpg', t=19)   # 将视频第19秒的画面导出为JPG格式的图片文件
```

◎ 代码解析

第 2 行代码用于读取要导出视频画面的视频文件"运动鞋.mp4"。

第 3 行代码用于将第 19 秒的画面导出为图片"运动鞋.jpg"。

◎ 知识延伸

第 3 行代码中的 save_frame() 函数用于将视频中指定时间点的画面导出为指定格式的图片。该函数的常用语法格式如下，各参数的说明见表 2-6。

```
save_frame(filename, t=0)
```

表 2-6

参数	说明
filename	指定导出图片文件的路径，图片的格式由路径中的扩展名决定
t	指定导出画面的时间点，参数值有 4 种表示方式，分别是：①秒，为一个浮点型数字，如 17.15；②分和秒组成的元组，如 (1, 17.15)；③时、分、秒组成的元组，如 (0, 1, 17.15)；④用冒号分隔的时间字符串，如 '0:1:17.15'。若省略此参数，默认导出第 1 帧画面

◎ 运行结果

视频文件"运动鞋.mp4"第 19 秒的播放效果如图 2-7 所示，运行本案例的代码后生成的图片文件"运动鞋.jpg"如图 2-8 所示，可以看到两者的内容是一致的。

图 2-7　　　　　　　　　　　　　　　图 2-8

026　将视频导出为 GIF 动画

◎ 代码文件：实例文件 \ 02 \ 026 \ 将视频导出为GIF动画.ipynb
◎ 素材文件：实例文件 \ 02 \ 026 \ 猫咪.mp4

◎ 应用场景

如果想要将视频转换成 GIF 动画，可以用 MoviePy 模块中的 write_gif() 函数来实现。

◎ 实现代码

```
1  from moviepy.editor import VideoFileClip   # 从MoviePy模块的editor子模块中导入VideoFileClip类
2  video_clip = VideoFileClip('猫咪.mp4', target_resolution=(None, 240))   # 读取视频文件，并缩小其画面尺寸
3  video_clip.write_gif('猫咪.gif', fps=10, loop=0)   # 将视频导出为GIF动画
```

◎ 代码解析

第 2 行代码用于读取视频文件"猫咪.mp4"，并适当缩小其画面尺寸。

第 3 行代码用于将视频导出为 GIF 动画"猫咪.gif"，动画的帧率为 10，且永久循环播放。

◎ 知识延伸

（1）为便于在网络上传输，GIF 动画的画面尺寸通常较小。因此，第 2 行代码在读取视频文件时通过参数 target_resolution 缩小视频的画面尺寸。参数值 (None, 240) 表示将帧宽度设置为 240 像素，并根据视频的原始宽高比自动计算帧高度。

（2）第 3 行代码中的 write_gif() 函数用于将视频导出为 GIF 动画。该函数的常用语法格式如下，各参数的说明见表 2-7。

```
write_gif(filename, fps=None, loop=0)
```

表 2-7

参数	说明
filename	指定导出 GIF 动画的文件路径
fps	指定 GIF 动画的帧率。如果省略该参数，则使用视频的帧率。帧率越高，动画效果越流畅，但是文件也越大。为了控制文件的大小，GIF 动画的帧率没有必要设置得很高，一般不会超过 15
loop	指定 GIF 动画循环播放的次数。设置为 0（默认值）时表示永久循环播放，设置为大于 0 的整数时则表示循环播放指定的次数后就停止播放

◎ 运行结果

视频文件"猫咪.mp4"的播放效果如图 2-9 所示，运行本案例的代码后生成的 GIF 动画"猫咪.gif"的播放效果如图 2-10 所示。

图 2-9

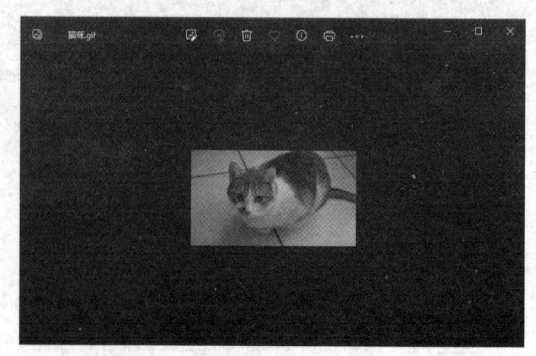

图 2-10

027　用多张图片合成视频

◎ 代码文件：实例文件＼02＼027＼用多张图片合成视频.ipynb
◎ 素材文件：实例文件＼02＼027＼双肩包（文件夹）

◎ 应用场景

动态的视频往往比静态的图片更能吸引眼球。本案例将使用 MoviePy 模块中的 ImageSequenceClip 类把指定文件夹下的多张商品图片快速合成为一个动态视频。

◎ 实现代码

```python
1  from pathlib import Path   # 导入pathlib模块中的Path类
2  from moviepy.editor import ImageSequenceClip   # 从MoviePy模块的editor子模块中导入ImageSequenceClip类
3  src_folder = Path('双肩包')   # 指定来源文件夹（用于存放合成视频的图片）的路径
4  img_list = [str(i) for i in src_folder.glob('*.jpg')]   # 获取来源文件夹下所有JPG格式图片的路径列表
5  dur_list = [2] * len(img_list)   # 设置每张图片在视频中显示的时长
6  video_clip = ImageSequenceClip(img_list, durations=dur_list)   # 将多张图片合成为视频
7  video_clip.write_videofile('双肩包展示.mp4', fps=25)   # 导出视频
```

◎ 代码解析

第 2 行代码用于从 MoviePy 模块的 editor 子模块中导入 ImageSequenceClip 类。

第 3 行代码用于指定来源文件夹（用于存放合成视频的图片）的路径。

第 4 行代码用于在来源文件夹下查找所有扩展名为 ".jpg" 的图片文件，并将查找到的图片文件的路径存放在一个列表中。

第 5 行代码用于生成一个列表，该列表的每个元素值都为 2，元素个数为来源文件夹中 JPG 格式图片的数量，表示每张图片在视频中显示的时长为 2 秒。读者可根据实际需求将 2

修改为其他数值，也可手动创建列表，为每张图片分别指定不同的时长，如 [3, 1, 4, 2, 5]（列表的元素个数需与图片的数量相同）。

第 6 行代码用于将路径列表中的图片合成为一个视频。

第 7 行代码用于将合成的视频导出为文件"双肩包展示.mp4"。

◎ 知识延伸

（1）第 4 行代码使用列表推导式来创建列表。列表推导式又称列表生成式，这种语法格式能以简洁的代码快速创建列表。这行代码与如下所示的代码是等价的：

```
1    img_list = []
2    for i in src_folder.glob('*.jpg'):
3        img_list.append(str(i))
```

（2）第 5 行代码中的 len() 函数用于统计列表元素的个数（详见案例 018），运算符 "*" 则用于复制列表元素（详见案例 014）。假设来源文件夹中有 5 张图片，那么路径列表 img_list 中就有 5 个路径，len(img_list) 会返回 5，则 [2] * len(img_list) 会得到列表 [2, 2, 2, 2, 2]。

（3）第 6 行代码中的 ImageSequenceClip 类用于将多张图片合成为一个视频文件，其常用语法格式如下，各参数的说明见表 2-8。

```
ImageSequenceClip(sequence, durations=None)
```

表 2-8

参数	说明
sequence	指定用于合成视频的多张图片（图片的尺寸要一致）。如果参数值是字符串，则这个字符串需代表图片所在文件夹的路径；如果参数值是列表，则列表的元素为各张图片的路径字符串
durations	传入一个列表，用于指定每张图片在视频中显示的时长，列表的元素个数需与图片的张数一致。可以为每张图片分别指定不同的时长，如 [3, 1, 4, 2, 5]

◎ 运行结果

文件夹"双肩包"中的图片如图 2-11 所示。运行本案例的代码后，播放生成的视频文件

"双肩包展示.mp4",可以看到视频画面中依次显示文件夹"双肩包"中的图片,每张图片持续显示 2 秒,如图 2-12 所示。

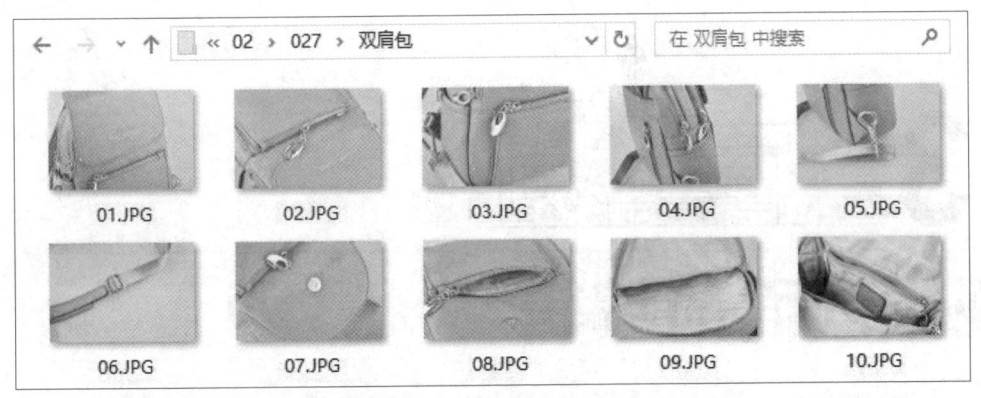

图 2-11

图 2-12

第 3 章
视频画面的编辑

　　视频画面的编辑包括画面的旋转和翻转、画面尺寸的修改、为画面添加边框、画面的裁剪等。本章将讲解如何通过编写 Python 代码高效地完成视频画面的编辑。

028 旋转视频画面

◎ 代码文件：实例文件\03\028\旋转视频画面.ipynb
◎ 素材文件：实例文件\03\028\河流.mp4、日落.mp4

◎ 应用场景

有时由于操作失误，录制时是横屏的画面在计算机上播放时却变成了竖屏，或者正好相反。此时需要对视频画面做旋转处理，让画面恢复正常。使用 MoviePy 模块中的 rotate() 函数可以完成这一操作。

◎ 实现代码

```
1  from moviepy.editor import VideoFileClip   # 从MoviePy模块的editor子模块中导入VideoFileClip类
2  video_clip1 = VideoFileClip('河流.mp4')   # 读取视频
3  video_clip2 = video_clip1.rotate(angle=90)   # 将画面逆时针旋转90°
4  video_clip2.write_videofile('河流_逆时针.mp4')   # 导出处理后的视频
5  video_clip1 = VideoFileClip('日落.mp4')   # 读取视频
6  video_clip2 = video_clip1.rotate(angle=-90)   # 将画面顺时针旋转90°
7  video_clip2.write_videofile('日落_顺时针.mp4')   # 导出处理后的视频
```

◎ 代码解析

第 3、6 行代码使用 rotate() 函数将视频画面向不同的方向旋转指定的角度。旋转的方向和角度要根据视频的实际情况来确定，读者可以按照"知识延伸"中的讲解修改该函数的参数值。

◎ 知识延伸

rotate() 函数的常用语法格式如下，各参数的说明见表 3-1。

```
rotate(angle, unit='deg')
```

表 3-1

参数	说明
angle	指定旋转的量。正数表示逆时针旋转，负数表示顺时针旋转
unit	指定参数 angle 的值的单位。设置为 'deg'（默认值）时表示角度，设置为 'rad' 时表示弧度

◎ 运行结果

视频文件"河流.mp4"的播放效果如图 3-1 所示，运行本案例的代码后生成的"河流_逆时针.mp4"的播放效果如图 3-2 所示。视频文件"日落.mp4"的播放效果如图 3-3 所示，运行本案例的代码后生成的"日落_顺时针.mp4"的播放效果如图 3-4 所示。

图 3-1

图 3-2

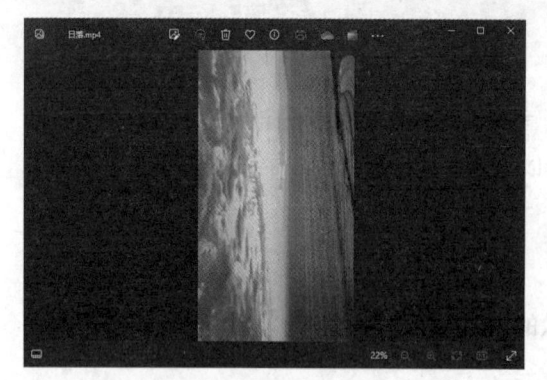

图 3-3

图 3-4

029 翻转视频画面

◎ 代码文件：实例文件\03\029\翻转视频画面.ipynb
◎ 素材文件：实例文件\03\029\蜂蜜.mp4、乐谱.mp4

◎ 应用场景

视频画面的翻转操作分为水平翻转和垂直翻转，使用 MoviePy 模块中的 mirror_x() 函数和 mirror_y() 函数可以实现这两种翻转操作。

◎ 实现代码

```
1  from moviepy.editor import VideoFileClip   # 从MoviePy模块的editor子模块中导入VideoFileClip类
2  from moviepy.video.fx.all import mirror_x, mirror_y   # 从MoviePy模块的video.fx.all子模块中导入mirror_x()函数和mirror_y()函数
3  video_clip1 = VideoFileClip('蜂蜜.mp4')   # 读取视频
4  video_clip2 = mirror_x(video_clip1)   # 水平翻转视频画面
5  video_clip2.write_videofile('蜂蜜_水平翻转.mp4')   # 导出处理后的视频
6  video_clip1 = VideoFileClip('乐谱.mp4')   # 读取视频
7  video_clip2 = mirror_y(video_clip1)   # 垂直翻转视频画面
8  video_clip2.write_videofile('乐谱_垂直翻转.mp4')   # 导出处理后的视频
```

◎ 代码解析

第 2 行代码用于导入 mirror_x() 函数和 mirror_y() 函数。

第 4 行代码使用 mirror_x() 函数对视频文件"蜂蜜.mp4"的画面进行水平翻转。

第 7 行代码使用 mirror_y() 函数对视频文件"乐谱.mp4"的画面进行垂直翻转。

◎ 知识延伸

mirror_x() 函数和 mirror_y() 函数都只有一个常用参数，即要翻转画面的视频文件。

◎ 运行结果

视频文件"蜂蜜.mp4"的播放效果如图 3-5 所示，运行本案例的代码后生成的"蜂蜜_水平翻转.mp4"的播放效果如图 3-6 所示。视频文件"乐谱.mp4"的播放效果如图 3-7 所示，运行本案例的代码后生成的"乐谱_垂直翻转.mp4"的播放效果如图 3-8 所示。

图 3-5

图 3-6

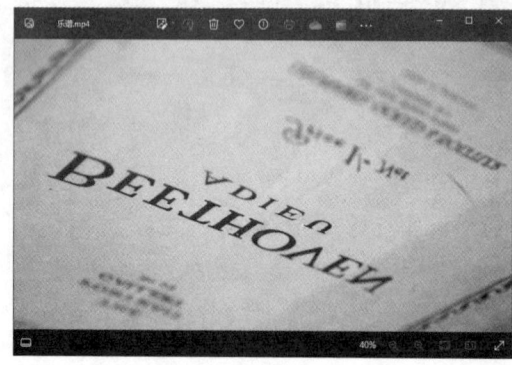

图 3-7

图 3-8

030　读取视频时修改画面尺寸

◎ 代码文件：实例文件\03\030\读取视频时修改画面尺寸.ipynb
◎ 素材文件：实例文件\03\030\航拍城市夜景.mp4

◎ 应用场景

视频画面尺寸即画面的帧宽度和帧高度,其修改方法有多种。本案例将在使用 VideoFileClip 类读取视频文件时通过设置参数 target_resolution 快速更改视频的画面尺寸。

◎ 实现代码

```
1  from moviepy.editor import VideoFileClip  # 从MoviePy模块的editor子
   模块中导入VideoFileClip类
2  video_clip = VideoFileClip('夜景.mp4', target_resolution=[1080,
   1920])  # 读取视频,并修改帧高度和帧宽度
3  video_clip.write_videofile('夜景1.mp4')  # 导出处理后的视频
```

◎ 代码解析

第 2 行代码在使用 VideoFileClip 类读取视频文件"夜景.mp4"时,通过设置参数 target_resolution,将帧高度和帧宽度分别修改为 1080 像素和 1920 像素。

◎ 知识延伸

第 2 行代码同时指定了帧高度和帧宽度,可能会导致画面变形。如果想要保持宽高比不变,只需给出帧高度或帧宽度其中一个的值,再将另一个值设置为 None,如 [1080, None] 或 [None, 1920],程序会按原始宽高比自动计算另一个值。

◎ 运行结果

运行本案例的代码后,利用"属性"对话框查看原视频和处理后视频的画面尺寸,分别如图 3-9 和图 3-10 所示,可以看到画面尺寸被成功地修改为指定的值。

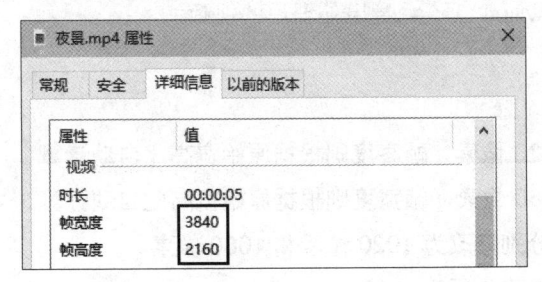

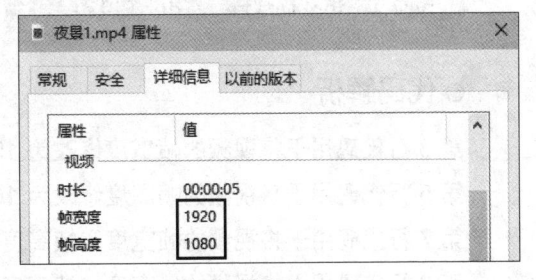

图 3-9

图 3-10

031 后期修改视频的画面尺寸

◎ 代码文件：实例文件\03\031\后期修改视频的画面尺寸.ipynb
◎ 素材文件：实例文件\03\031\野兔.mp4

◎ 应用场景

如果在导入视频时没有修改画面尺寸，也可以在后续代码中使用 resize() 函数来修改。该函数提供多种修改方式，本案例将逐一演示。

◎ 实现代码

```python
from moviepy.editor import VideoFileClip  # 从MoviePy模块的editor子模块中导入VideoFileClip类
video_clip = VideoFileClip('野兔.mp4')  # 读取视频
new_video = video_clip.resize(width=1920)  # 将帧宽度修改为1920像素
new_video.write_videofile('野兔1.mp4')  # 导出处理后的视频
new_video = video_clip.resize(height=1080)  # 将帧高度修改为1080像素
new_video.write_videofile('野兔2.mp4')  # 导出处理后的视频
new_video = video_clip.resize(newsize=(1920, 1080))  # 将帧宽度和帧高度分别修改为1920像素和1080像素
new_video.write_videofile('野兔3.mp4')  # 导出处理后的视频
new_video = video_clip.resize(newsize=0.5)  # 将帧宽度和帧高度修改为原来的50%
new_video.write_videofile('野兔4.mp4')  # 导出处理后的视频
```

◎ 代码解析

第 3 行代码用于将视频的帧宽度修改为 1920 像素，帧高度则根据原始宽高比自动计算。
第 5 行代码用于将视频的帧高度修改为 1080 像素，帧宽度则根据原始宽高比自动计算。
第 7 行代码用于将视频的帧宽度和帧高度分别修改为 1920 像素和 1080 像素。
第 9 行代码用于将视频的帧宽度和帧高度修改为原来的 50%。

◎ 知识延伸

（1）在使用 resize() 函数前，需要安装好 3 个第三方模块的其中之一：OpenCV 模块，安装命令为"pip install opencv-python"；SciPy 模块，安装命令为"pip install scipy"；Pillow 模块，安装命令为"pip install pillow"。

如果遇到报错信息"AttributeError: module 'PIL.Image' has no attribute 'ANTIALIAS'"，可能的原因是 Pillow 模块的版本过高。可通过命令"pip install pillow==9.5.0"强制安装低版本的 Pillow 模块。

（2）resize() 函数的常用语法格式如下，各参数的说明见表 3-2。

```
resize(newsize=None, height=None, width=None)
```

表 3-2

参数	说明
newsize	该参数的值有两种类型：① 一个数字，代表帧高度和帧宽度的缩放比例，如 0.5 或 2，小于 1 的数字会缩小帧高度和帧宽度，大于 1 的数字会增大帧高度和帧宽度；② 一个含有两个元素的列表或元组，两个元素分别代表新的帧宽度和帧高度，例如，(1000, 360) 表示将帧宽度和帧高度分别设置为 1000 像素和 360 像素
height、width	指定新的帧高度和帧宽度。通常只需要给出其中一个参数，resize() 函数会根据原始宽高比自动计算另一个参数。如果同时给出这两个参数，则 width 会被忽略。如果已经给出 newsize，则这两个参数均会被忽略

◎ 运行结果

运行本案例的代码后，在资源管理器中查看原视频和处理后视频的画面尺寸，如图 3-11 所示，可以看到画面尺寸均被成功地修改为指定的值。

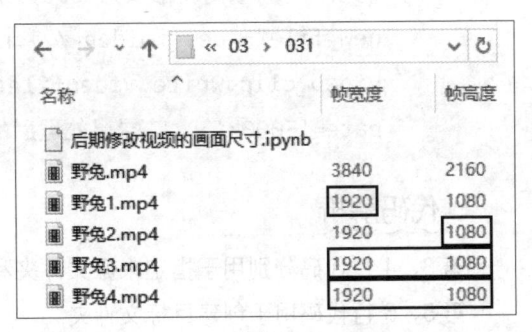

图 3-11

032 批量调整多个视频的画面尺寸

◎ 代码文件：实例文件＼03＼032＼批量调整多个视频的画面尺寸.ipynb
◎ 素材文件：实例文件＼03＼032＼花花草草_处理前（文件夹）

◎ 应用场景

如果有多个视频文件需要调整画面尺寸，可以使用 for 语句构造循环，实现批量处理。文件夹"花花草草_处理前"下有多个不同格式的视频文件，现在需要将所有文件的帧高度修改为 1080 像素。

◎ 实现代码

```python
from pathlib import Path  # 导入pathlib模块中的Path类
from moviepy.editor import VideoFileClip  # 从MoviePy模块的editor子模块中导入VideoFileClip类
src_folder = Path('花花草草_处理前')  # 指定来源文件夹的路径
des_folder = Path('花花草草_处理后')  # 指定目标文件夹的路径
if not des_folder.exists():  # 如果目标文件夹不存在
    des_folder.mkdir(parents=True)  # 则创建目标文件夹
for i in src_folder.glob('*.*'):  # 遍历来源文件夹中的所有文件
    video_clip = VideoFileClip(str(i)).resize(height=1080)  # 读取视频，并将帧高度修改为1080像素
    new_file = des_folder / i.name  # 构造导出视频文件的路径
    video_clip.write_videofile(str(new_file), codec='mpeg4', bitrate='5000k')  # 导出处理后的视频
```

◎ 代码解析

第 3、4 行代码分别用于指定来源文件夹和目标文件夹的路径。

第 5、6 行代码用于创建目标文件夹。

第 7 行代码用于遍历来源文件夹中的所有文件。

第 8 行代码用于读取遍历到的视频文件，并将帧高度修改为 1080 像素。

第 9、10 行代码用于将处理后的视频导出到目标文件夹，文件名保持不变。

◎ **知识延伸**

读取和处理视频文件会占用较多的系统资源，批量处理涉及多个文件，占用的资源自然更多，因而需要及时关闭文件。Python 提供一种名为"上下文管理器"（context manager）的语法格式，以确保代码中打开的文件被正确关闭。在本案例中，可使用这种语法格式优化第 7 ~ 10 行代码，修改后的代码如下：

```
1   for i in src_folder.glob('*.*'):
2       with VideoFileClip(str(i)) as video_clip:
3           new_video = video_clip.resize(height=1080)
4           new_file = des_folder / i.name
5           new_video.write_videofile(str(new_file), codec='mpeg4', bitrate='5000k')
```

优化的版本使用 with 语句创建了一个上下文管理器，VideoFileClip 对象、resize() 函数和 write_videofile() 函数现在都在 with 语句块中，这样每处理完一个文件就会自动关闭该文件，从而释放其占用的系统资源。

◎ **运行结果**

运行本案例的代码后，查看来源文件夹和目标文件夹中所有视频的画面尺寸，如图 3-12 和图 3-13 所示，可以看到成功地完成了批量修改。

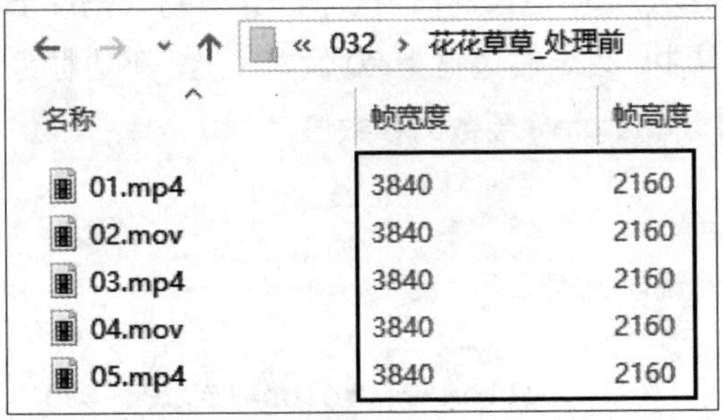

名称	帧宽度	帧高度
01.mp4	3840	2160
02.mov	3840	2160
03.mp4	3840	2160
04.mov	3840	2160
05.mp4	3840	2160

图 3-12

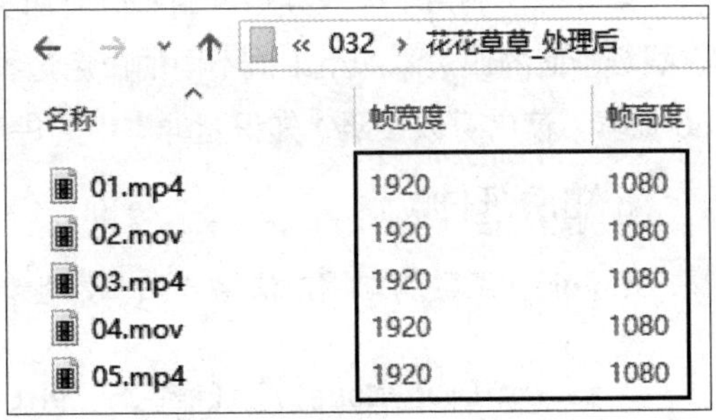

名称	帧宽度	帧高度
01.mp4	1920	1080
02.mov	1920	1080
03.mp4	1920	1080
04.mov	1920	1080
05.mp4	1920	1080

图 3-13

033 为视频画面添加边框

◎ 代码文件：实例文件\03\033\为视频画面添加边框.ipynb
◎ 素材文件：实例文件\03\033\行人.mp4

◎ 应用场景

为视频画面添加边框，可提高画面的整体美观度。使用 MoviePy 模块中的 margin() 函数即可实现这一操作，并且可以自定义边框的粗细值和颜色。

◎ 实现代码

```
1  from moviepy.editor import VideoFileClip   # 从MoviePy模块的editor子模块中导入VideoFileClip类
2  video_clip = VideoFileClip('行人.mp4')   # 读取视频
3  new_video = video_clip.margin(mar=50, color=(255, 255, 255))   # 在画面四边添加粗细值相同的边框
4  new_video.write_videofile('行人1.mp4')   # 导出处理后的视频
5  new_video = video_clip.margin(left=20, right=20, top=80, bottom=80, color=(255, 255, 255))   # 在画面四边添加粗细值不同的边框
6  new_video.write_videofile('行人2.mp4')   # 导出处理后的视频
```

◎ 代码解析

第 3 行代码用于在视频画面的四边添加粗细值均为 50 像素的白色边框。第 5 行代码用于在视频画面的四边添加粗细值不同的白色边框，其中，左、右边框为 20 像素，上、下边框为 80 像素。读者可以按照"知识延伸"中的讲解修改 margin() 函数的参数值。

◎ 知识延伸

margin() 函数的常用语法格式如下，各参数的说明见表 3-3。

```
margin(mar=None, left=0, right=0, top=0, bottom=0, color=(0, 0, 0))
```

表 3-3

参数	说明
mar	统一指定所有边框的粗细值（单位：像素）
left、right、top、bottom	分别指定左、右、顶、底的边框粗细值（单位：像素）。如果已经给出了 mar，则这 4 个参数会被忽略
color	指定边框颜色的 RGB 值，默认值 (0, 0, 0) 代表黑色

需要注意的是，margin() 函数是在原视频画面的外围添加边框，这意味着添加边框后画面尺寸会变大。假设原视频画面的帧宽度和帧高度分别为 1920 像素和 1080 像素，在添加粗细值为 50 像素的边框后，帧宽度和帧高度将分别变为 2020 像素和 1180 像素。如果既要添加边框又要保持画面尺寸不变，可以结合使用案例 031 中介绍的 resize() 函数修改画面尺寸，或者结合使用将在案例 034 中介绍的 crop() 函数裁剪画面。

◎ 运行结果

未添加边框的原视频文件的播放效果如图 3-14 所示。运行本案例的代码后生成的两个视频文件的播放效果分别如图 3-15 和图 3-16 所示，可以看到画面四周的白色边框。

图 3-14 　　　　　　图 3-15 　　　　　　图 3-16

034　裁剪视频画面

◎ 代码文件：实例文件 \ 03 \ 034 \ 裁剪视频画面.ipynb
◎ 素材文件：实例文件 \ 03 \ 034 \ 寿司.mp4、昆虫.mp4

◎ 应用场景

视频的画面构图是非常重要的。但是有时为了捕捉稍纵即逝的美景，会来不及考虑构图，此时就需要在后期处理中通过裁剪画面进行二次构图。使用 MoviePy 模块中的 crop() 函数可以裁剪视频画面，保留指定的矩形区域（以下称为裁剪框）。该函数提供多种设置裁剪框的方式，用法非常灵活。

◎ 实现代码

```
1  from moviepy.editor import VideoFileClip  # 从MoviePy模块的editor子
   模块中导入VideoFileClip类
2  video_clip = VideoFileClip('寿司.mp4')  # 读取视频
3  new_video = video_clip.crop(x1=1185, y1=580, x2=1185 + 1920, y2=
   580 + 1080)  # 通过指定左上角和右下角的坐标设置裁剪框
4  new_video.write_videofile('寿司_裁剪后.mp4')  # 导出处理后的视频
5  video_clip = VideoFileClip('昆虫.mp4')  # 读取视频
6  new_video = video_clip.crop(width=1280, height=720, x_center=1750,
   y_center=980)  # 通过指定宽高值及中心点坐标设置裁剪框
7  new_video.write_videofile('昆虫_裁剪后.mp4')  # 导出处理后的视频
```

◎ 代码解析

第 3、6 行代码在使用 crop() 函数裁剪画面时，以不同的方式设置裁剪框。其中，第 3 行代码通过指定左上角和右下角的坐标设置裁剪框，第 6 行代码则通过指定宽高值及中心点坐标设置裁剪框。读者可以按照"知识延伸"中的讲解和自己的实际需求修改 crop() 函数的参数值。

◎ 知识延伸

crop() 函数的常用语法格式如下，各参数的说明见表 3-4。

```
crop(x1=None, y1=None, x2=None, y2=None, width=None, height=None,
x_center=None, y_center=None)
```

表 3-4

参数	说明
x1、y1	指定裁剪框左上角的 x 坐标和 y 坐标
x2、y2	指定裁剪框右下角的 x 坐标和 y 坐标
width、height	指定裁剪框的宽度和高度
x_center、y_center	指定裁剪框中心点的 x 坐标和 y 坐标

参数中的坐标值以画面左上角为原点。编写代码时可以只给出一部分参数值，crop() 函数会根据参数值计算裁剪框的坐标。除了本案例代码中的写法，还有其他写法，下面举例说明。

- crop(y1=30)：裁剪框左上角的坐标为 (0, 30)，右下角的坐标为 (帧宽度，帧高度)。相当于移除 y 坐标上方 30 像素的部分。
- crop(x1=20, width=720)：裁剪框左上角的坐标为 (20, 0)，右下角的坐标为 (740, 帧高度)。
- crop(y1=200, y2=800, width=640, x_center=400)：裁剪框左上角的坐标为 (80, 200)，右下角的坐标为 (720, 800)。

可以先用案例 025 介绍的方法导出一帧画面，再借助 Photoshop 中的标尺和选区工具确定坐标、宽度和高度等数据。

◎ 运行结果

如图 3-17 至图 3-20 所示为原视频和处理后视频的播放效果对比。可以看到，通过裁剪画面，画面的主体——寿司和昆虫变得更加突出。

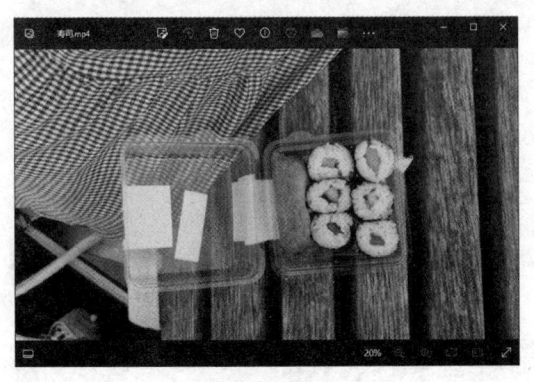

图 3-17

图 3-18

图 3-19　　　　　　　　　　　　　　图 3-20

035　批量裁剪多个视频的画面

◎ 代码文件：实例文件\03\035\批量裁剪多个视频的画面.ipynb
◎ 素材文件：实例文件\03\035\糖果_处理前（文件夹）

◎ 应用场景

如果需要把多个视频的画面裁剪成相同的尺寸，可以使用 for 语句构造循环，实现批量处理。文件夹"糖果_处理前"下有多个画面尺寸不同的视频文件，现在需要将所有文件的画面尺寸裁剪为 1920 像素×1080 像素。

◎ 实现代码

```python
1  from pathlib import Path  # 导入pathlib模块中的Path类
2  from moviepy.editor import VideoFileClip  # 从MoviePy模块的editor子模块中导入VideoFileClip类
3  from shutil import copy  # 导入shutil模块中的copy()函数
4  src_folder = Path('糖果_处理前')  # 指定来源文件夹的路径
5  des_folder = Path('糖果_处理后')  # 指定目标文件夹的路径
6  if not des_folder.exists():  # 如果目标文件夹不存在
```

```
7        des_folder.mkdir(parents=True)  # 则创建目标文件夹
8    for i in src_folder.glob('*.*'):  # 遍历来源文件夹中的所有文件
9        video_clip = VideoFileClip(str(i))  # 读取视频
10       if video_clip.size == [1920, 1080]:  # 如果视频的画面尺寸为1920
         像素×1080像素
11           copy(i, des_folder)  # 将视频文件直接复制到目标文件夹
12       else:  # 否则
13           x = video_clip.w / 2  # 计算画面中心点的x坐标
14           y = video_clip.h / 2  # 计算画面中心点的y坐标
15           new_video = video_clip.crop(width=1920, height=1080, x_
             center=x, y_center=y)  # 将画面尺寸裁剪为1920像素×1080像素
16           new_file = des_folder / i.name  # 构造导出视频文件的路径
17           new_video.write_videofile(str(new_file))  # 导出处理后的视频
```

◎代码解析

为了提高执行效率，可根据原视频的画面尺寸是否符合目标尺寸分别执行不同的操作。第10行代码用于判断读取到的视频文件的画面尺寸是否为1920像素×1080像素。如果满足此条件，则执行第11行代码，使用shutil模块中的copy()函数将文件复制到目标文件夹下；如果不满足此条件，则执行第13～17行代码，将视频的画面裁剪成指定尺寸。

第13、14行代码用于计算视频画面中心点的x坐标和y坐标；第15行代码根据计算出的中心点坐标，将视频的画面尺寸裁剪为1920像素×1080像素；第16、17行代码用于将处理后的视频导出到目标文件夹中，文件名保持不变。

其余代码的含义与前面的批量处理案例类似，这里不再赘述。

◎知识延伸

（1）第10行代码中的size是VideoFileClip对象的属性，它返回的是一个含有两个元素的列表，这两个元素分别代表视频的帧宽度和帧高度。

（2）第13、14行代码中的w和h是VideoFileClip对象的属性，分别用于返回视频画面的帧宽度和帧高度。

◎ 运行结果

运行本案例的代码后，分别查看来源文件夹和目标文件夹下视频文件的画面尺寸，如图 3-21 和图 3-22 所示，可以看到成功地完成了画面尺寸的批量裁剪。

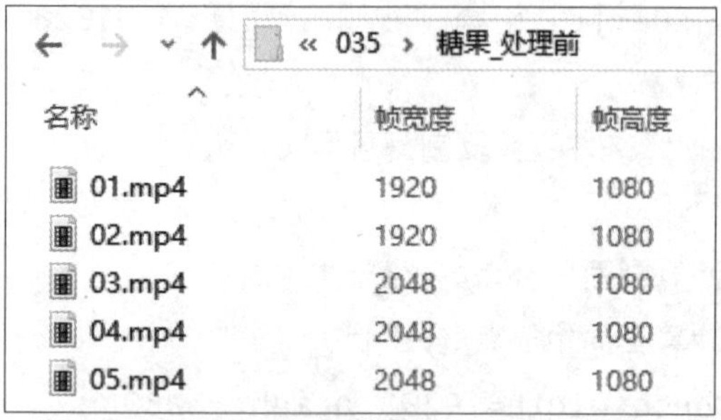

名称	帧宽度	帧高度
01.mp4	1920	1080
02.mp4	1920	1080
03.mp4	2048	1080
04.mp4	2048	1080
05.mp4	2048	1080

图 3-21

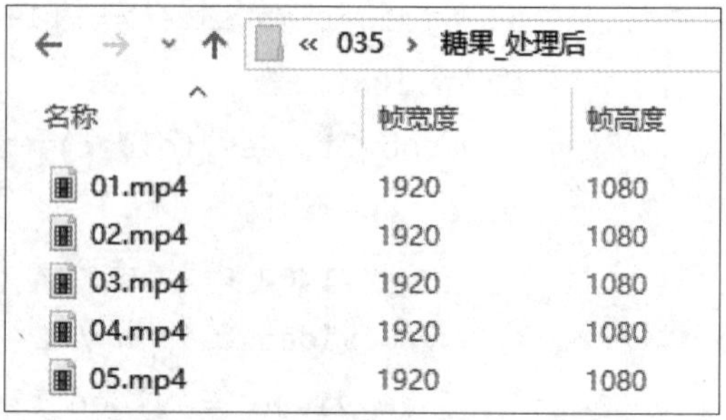

名称	帧宽度	帧高度
01.mp4	1920	1080
02.mp4	1920	1080
03.mp4	1920	1080
04.mp4	1920	1080
05.mp4	1920	1080

图 3-22

036 批量裁剪多个视频的画面并添加边框

◎ 代码文件：实例文件＼03＼036＼批量裁剪多个视频的画面并添加边框.ipynb
◎ 素材文件：实例文件＼03＼036＼街拍_处理前（文件夹）

◎ 应用场景

如果有多个视频文件需要添加边框，可以使用 for 语句构造循环，实现批量处理。文件夹"街拍_处理前"下有多个视频文件，现在需要为它们的上下两边统一添加粗细值为 80 像素的白色边框，并且保持画面尺寸不变。

◎ 实现代码

```python
from pathlib import Path  # 导入pathlib模块中的Path类
from moviepy.editor import VideoFileClip  # 从MoviePy模块的editor子模块中导入VideoFileClip类
src_folder = Path('街拍_处理前')  # 指定来源文件夹的路径
des_folder = Path('街拍_处理后')  # 指定目标文件夹的路径
```

```
5    if not des_folder.exists():    # 如果目标文件夹不存在
6        des_folder.mkdir(parents=True)    # 则创建目标文件夹
7    for i in src_folder.glob('*.*'):    # 遍历来源文件夹中的所有文件
8        v1 = VideoFileClip(str(i))    # 读取视频
9        w, h = v1.size    # 获取原视频的帧宽度和帧高度
10       t_mar = 80    # 给出上边框的粗细值
11       b_mar = 80    # 给出下边框的粗细值
12       v2 = v1.crop(x1=0, y1=t_mar, x2=w, y2=h - b_mar)    # 根据第9~11
         行代码获取的数值计算裁剪框的坐标值，裁剪视频画面
13       v3 = v2.margin(top=t_mar, bottom=b_mar, color=(255, 255, 255))
         # 为画面的上下两边添加白色边框
14       new_file = des_folder / i.name    # 构造导出视频文件的路径
15       v3.write_videofile(str(new_file))    # 导出处理后的视频
```

◎ 代码解析

前面讲过，margin() 函数是在原视频画面的外围添加边框，会让画面尺寸变大。因此，本案例的关键问题是如何实现在添加边框后保持画面尺寸不变。解决思路也很简单，先根据边框的粗细值用 crop() 函数将画面的相应部分裁剪掉，再用 margin() 函数添加边框即可。

第 9~11 行代码用于获取原视频的帧宽度和帧高度，并给出边框的粗细值。

第 12 行代码根据第 9~11 行代码获取的数值计算裁剪框的左上角和右下角的坐标值，裁剪视频画面。

第 13 行代码用于为画面的上下两边添加边框。

其余代码的含义与前面的批量处理案例类似，这里不再赘述。

◎ 知识延伸

第 9 行代码将 size 属性返回的列表中的元素通过运算符 "=" 一次性分别赋给多个变量。演示代码如下：

```
1    size = [1920, 1080]
```

```
2  w, h = size
3  print(w)
4  print(h)
```

运行结果如下：

```
1  1920
2  1080
```

◎ 运行结果

运行本案例的代码后，分别查看来源文件夹和目标文件夹下视频文件的画面尺寸，如图 3-23 和图 3-24 所示，可以看到画面尺寸保持不变。

图 3-23

图 3-24

播放目标文件夹下的任意一个视频文件，可以看到画面上下两边的白色边框，如图 3-25 所示。

图 3-25

第 **4** 章

视频的剪辑

视频的剪辑操作包括截取片段、改变播放速度、制作倒放效果、添加淡入/淡出效果等。本章将讲解如何通过编写 Python 代码高效地完成视频的剪辑。

037　截取视频的片段

◎ 代码文件：实例文件＼04＼037＼截取视频的片段.ipynb
◎ 素材文件：实例文件＼04＼037＼倒茶.mp4

◎ 应用场景

在拍摄视频素材时，通常都会尽可能多拍一些，为后期制作留下足够的余地。在后期制作中，则要根据创作需求从素材中截取有用的部分。使用 MoviePy 模块中的 subclip() 函数可以完成这一操作。

◎ 实现代码

```python
from moviepy.editor import VideoFileClip  # 从MoviePy模块的editor子模块中导入VideoFileClip类
video_clip = VideoFileClip('倒茶.mp4')    # 读取视频
new_video = video_clip.subclip(3, 16.55)  # 截取第3~16.55秒的片段
new_video.write_videofile('倒茶_片段.mp4')  # 导出截取的片段
```

◎ 代码解析

第 2 行代码用于读取要截取片段的视频"倒茶.mp4"。

第 3 行代码用于从读取的视频中截取第 3～16.55 秒的内容，从而展示倒茶的过程。读者可以根据"知识延伸"中的讲解和自己的实际需求修改 subclip() 函数的参数值。

第 4 行代码用于导出截取的片段。

◎ 知识延伸

subclip() 函数用于截取视频中两个指定时间点之间的内容。该函数的常用语法格式如下，各参数的说明见表 4-1。

```
subclip(t_start=0, t_end=None)
```

表 4-1

参数	说明
t_start	指定片段的起始时间点。参数值有 4 种表示方式：① 秒，为一个浮点型数字，如 14.75；② 分和秒组成的元组，如 (2, 14.75)；③ 时、分、秒组成的元组，如 (0, 2, 14.75)；④ 用冒号分隔的时间字符串，如 '0:2:14.75'
t_end	指定片段的结束时间点。若省略该参数，则截取到视频的结尾，例如，subclip(5) 表示从第 5 秒截取到结尾；若参数值为负数，则 t_end 被设置为视频的完整时长与该数值之和，例如，subclip(5, -2) 表示从第 5 秒截取到结尾的前 2 秒

◎ 运行结果

运行本案例的代码后，播放生成的视频文件"倒茶_片段.mp4"，可看到其内容为原视频第 3～16.55 秒的内容。

038 批量删除多个视频的片头和片尾

◎ 代码文件：实例文件 \ 04 \ 038 \ 批量删除多个视频的片头和片尾.ipynb
◎ 素材文件：实例文件 \ 04 \ 038 \ 烹饪_处理前（文件夹）

◎ 应用场景

文件夹"烹饪_处理前"中有多个 MP4 文件，每个文件都带有如图 4-1 所示的片头和如图 4-2 所示的片尾。片头时长约 3 秒，片尾时长约 6 秒。本案例将通过构造循环，使用 subclip() 函数批量删除这些视频的片头和片尾。

图 4-1

图 4-2

◎ 实现代码

```
1   from pathlib import Path  # 导入pathlib模块中的Path类
2   from moviepy.editor import VideoFileClip  # 从MoviePy模块的editor子模块中导入VideoFileClip类
3   src_folder = Path('烹饪_处理前')  # 指定来源文件夹的路径
4   des_folder = Path('烹饪_处理后')  # 指定目标文件夹的路径
5   if not des_folder.exists():  # 如果目标文件夹不存在
6       des_folder.mkdir(parents=True)  # 则创建目标文件夹
7   for i in src_folder.glob('*.mp4'):  # 遍历来源文件夹中的MP4文件
8       video_clip = VideoFileClip(str(i))  # 读取视频
9       new_video = video_clip.subclip(3, -6.1)  # 截取视频第3秒到结尾前6.1秒的内容
10      new_file = des_folder / i.name  # 构造导出视频的路径
11      new_video.write_videofile(str(new_file))  # 导出处理后的视频
```

◎ 代码解析

第 9 行代码用于从读取到的视频中截取从第 3 秒到结尾前 6.1 秒的内容，从而达到删除片头和片尾的目的。

其余代码的含义与前面的批量处理案例类似，这里不再赘述。

◎ 知识延伸

（1）片尾时长约 6 秒，而第 9 行代码将截取片段的结束时间点适当提前了 0.1 秒，以确保将片尾完全删除。

（2）如果只想删除片头或片尾，可以按照案例 037 讲解的知识，修改 subclip() 函数的参数，这里不再赘述。

◎ 运行结果

运行本案例的代码后，播放目标文件夹中的任意一个视频文件，将看不到原先的片头和片尾画面。

039　批量从多个视频中截取相同时长的片段

◎ 代码文件：实例文件＼04＼039＼批量从多个视频中截取相同时长的片段.ipynb
◎ 素材文件：实例文件＼04＼039＼海边_处理前（文件夹）

◎ 应用场景

文件夹"海边_处理前"中有多个时长不同的 MP4 文件，现在需要将它们剪辑成相同的时长。本案例将先获取这些视频时长的最小值，然后按这个最小值从这些视频中截取片段，达到将它们剪辑成相同时长的目的。

◎ 实现代码

```python
from pathlib import Path  # 导入pathlib模块中的Path类
from shutil import copy  # 导入shutil模块中的copy()函数
from moviepy.editor import VideoFileClip  # 从MoviePy模块的editor子模块中导入VideoFileClip类
src_folder = Path('海边_处理前')  # 指定来源文件夹的路径
des_folder = Path('海边_处理后')  # 指定目标文件夹的路径
if not des_folder.exists():  # 如果目标文件夹不存在
    des_folder.mkdir(parents=True)  # 创建目标文件夹
duration_list = []  # 创建一个空列表，用于存储各视频的时长
file_list = []  # 创建一个空列表，用于存储各视频的文件路径
for i in src_folder.glob('*.mp4'):  # 遍历来源文件夹中的MP4文件
    file_list.append(i)  # 将视频的文件路径添加到列表file_list中
    duration_list.append(VideoFileClip(str(i)).duration)  # 获取视频的时长并添加到列表duration_list中
duration_min = min(duration_list)  # 找出视频时长的最小值
for i in file_list:  # 遍历文件路径列表file_list
    video_clip = VideoFileClip(str(i))  # 读取视频
```

```
16          if video_clip.duration == duration_min:  # 如果视频时长是最小值
17              copy(i, des_folder)  # 直接将视频复制到目标文件夹
18          else:  # 否则
19              new_clip = video_clip.subclip(0, duration_min)  # 按时长最
                小值截取视频片段
20              new_file = des_folder / i.name  # 构造导出片段的路径
21              new_clip.write_videofile(str(new_file))  # 导出截取的片段
```

◎ 代码解析

第 8～12 行代码用于创建来源文件夹下各视频文件的时长列表和文件路径列表。

第 13 行代码用于获取视频时长的最小值。

第 14～21 行代码用于遍历文件路径列表并读取视频文件，然后根据所读取视频的时长执行不同的操作：如果时长已是最小值，则不需要处理，直接将文件复制到目标文件夹；如果时长不是最小值，则用 subclip() 函数截取从开头至时长最小值处的片段，再将片段导出到目标文件夹。

其余代码的含义与前面的批量处理案例类似，这里不再赘述。

◎ 知识延伸

（1）第 12、16 行代码用 VideoFileClip 对象的 duration 属性获取视频的时长（单位：秒）。

（2）第 13 行代码中的 min() 函数是 Python 的内置函数，用于获取传入的多个参数的最小值，或者一个可迭代对象的各个元素的最小值。演示代码如下：

```
1  a = min(10, 15.7, 25.5, 68.2, 7.13, 94)
2  print(a)
3  b = [10, 15.7, 25.5, 68.2, 7.13, 94]
4  c = min(b)
5  print(c)
```

运行结果如下：

| 1 | 7.13 |
| 2 | 7.13 |

与 min() 函数对应的是用于获取最大值的 max() 函数，用法也是类似的，这里不再赘述。

◎ 运行结果

运行本案例的代码后，分别查看来源文件夹和目标文件夹下各视频的时长，如图 4-3 和图 4-4 所示。可以看到，来源文件夹下各视频的时长最小值是约 7 秒，而目标文件夹下各视频的时长均为此最小值。

名称	时长
01.mp4	00:00:11
02.mp4	00:00:18
03.mp4	00:00:12
04.mp4	00:00:07
05.mp4	00:00:08

图 4-3

名称	时长
01.mp4	00:00:07
02.mp4	00:00:07
03.mp4	00:00:07
04.mp4	00:00:07
05.mp4	00:00:07

图 4-4

040　通过改变播放速度制作慢播 / 快播效果

◎ 代码文件：实例文件＼04＼040＼通过改变播放速度制作慢播／快播效果.ipynb
◎ 素材文件：实例文件＼04＼040＼涉水.mp4、野兔.mp4

◎ 应用场景

在短视频中灵活运用变速效果能让作品更有节奏感，或者起到一定的强调作用。例如，需要展现细节或刻画物体的运动轨迹时，可以使用慢速播放的效果；需要制造时间与空间的改变或营造大场面时，可以使用快速播放的效果。使用 MoviePy 模块中的 speedx() 函数即可改变视频的播放速度。

◎ 实现代码

```
1  from moviepy.editor import VideoFileClip  # 从MoviePy模块的editor子模块中导入VideoFileClip类
2  video_clip = VideoFileClip('涉水.mp4')  # 读取视频
3  new_video = video_clip.speedx(factor=0.3)  # 将视频的播放速度更改为原来的30%
4  new_video.write_videofile('涉水_慢播.mp4', audio=False)  # 导出处理后的视频（不含音频）
5  video_clip = VideoFileClip('野兔.mp4')  # 读取视频
6  new_video = video_clip.speedx(factor=2.5)  # 将视频的播放速度更改为原来的2.5倍
7  new_video.write_videofile('野兔_快播.mp4', audio=False)  # 导出处理后的视频（不含音频）
```

◎ 代码解析

第 3 行代码用于将视频"涉水.mp4"的播放速度更改为原来的 30%。第 6 行代码用于将视频"野兔.mp4"的播放速度更改为原来的 2.5 倍。

speedx() 函数会同时改变画面和音频的播放速度，这将导致音画不协调，因此，上述代码在导出视频时，将参数 audio 设置为 False，表示不导出音频部分。

◎ 知识延伸

speedx() 函数的常用语法格式如下，各参数的说明见表 4-2。

```
speedx(factor=None, final_duration=None)
```

表 4-2

参数	说明
factor	指定变速系数。参数值大于 0 且小于 1 表示让播放速度变慢，大于 1 表示让播放速度变快

续表

参数	说明
final_duration	指定视频的目标时长，函数会自动计算相应的变速系数。如果目标时长大于原时长，则播放速度会变慢；如果目标时长小于原时长，则播放速度会变快。参数 factor 和 final_duration 只需设置一个

◎ 运行结果

运行本案例的代码后，查看原视频和导出视频的时长，如图 4-5 所示。可以看到设置了慢播效果的视频时长变长，而设置了快播效果的视频时长变短。具体的播放效果请读者自行体验。

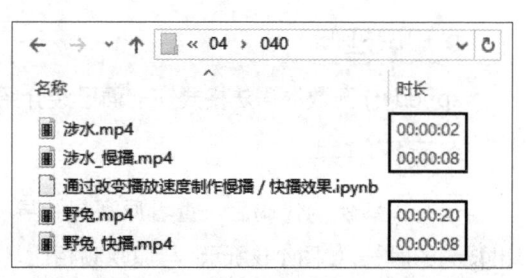

图 4-5

041　通过指定时长改变视频的播放速度

◎ 代码文件：实例文件\04\041\通过指定时长改变视频的播放速度.ipynb
◎ 素材文件：实例文件\04\041\风信子.mp4

◎ 应用场景

如果想让视频在改变播放速度后达到一定的时长，但又不知道如何计算变速系数，可通过 speedx() 函数的参数 final_duration 指定视频的目标时长，函数会自动计算相应的变速系数。

◎ 实现代码

```
1  from moviepy.editor import VideoFileClip    # 从MoviePy模块的editor子模块中导入VideoFileClip类
2  video_clip = VideoFileClip('风信子.mp4')     # 读取视频
3  new_video = video_clip.speedx(final_duration=4)    # 更改视频的播放速
```

度，让视频时长变为4秒

```
4  new_video.write_videofile('风信子1.mp4', audio=False)  # 导出处理后的视频（不含音频）
```

◎ **代码解析**

第 3 行代码使用 speedx() 函数更改视频的播放速度，让视频时长变为 4 秒。

◎ **知识延伸**

speedx() 函数的语法格式在前面已经介绍过，这里不再赘述。

◎ **运行结果**

运行本案例的代码后，查看原视频和导出视频的时长，如图4-6所示。与原视频相比，导出视频的时长变短，所以播放导出视频时将看到快速播放的画面效果。

名称	时长
风信子.mp4	00:00:14
风信子1.mp4	00:00:04
通过指定时长改变视频的播放速度.ipynb	

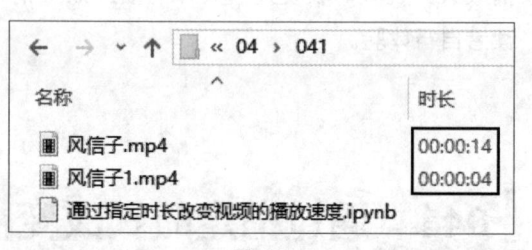

图 4-6

042 批量调整多个视频的播放速度

◎ 代码文件：实例文件\04\042\批量调整多个视频的播放速度.ipynb
◎ 素材文件：实例文件\04\042\拖鞋_处理前（文件夹）

◎ **应用场景**

如果有多个视频需要调整播放速度，可通过构造循环来实现批量处理。文件夹"拖鞋_处理前"中有多个 MP4 文件，现在需要将它们的播放速度调整为原来的 3 倍。

◎ **实现代码**

```
1  from pathlib import Path  # 导入pathlib模块中的Path类
```

```
 2    from moviepy.editor import VideoFileClip    # 从MoviePy模块的editor子
      模块中导入VideoFileClip类
 3    src_folder = Path('拖鞋_处理前')    # 指定来源文件夹的路径
 4    des_folder = Path('拖鞋_处理后')    # 指定目标文件夹的路径
 5    if not des_folder.exists():    # 如果目标文件夹不存在
 6        des_folder.mkdir(parents=True)    # 创建目标文件夹
 7    for i in src_folder.glob('*.mp4'):    # 遍历来源文件夹中的MP4文件
 8        video_clip = VideoFileClip(str(i))    # 读取视频
 9        new_video = video_clip.speedx(factor=3)    # 设置视频以3倍速播放
10        new_file = des_folder / i.name    # 构造导出视频的路径
11        new_video.write_videofile(str(new_file), audio=False)    # 导出视
          频（不含音频）
```

◎ 代码解析

本案例代码的编写思路并没有特别之处，读者可参照之前的批量处理案例进行理解。

◎ 运行结果

运行本案例的代码后，分别查看来源文件夹和目标文件夹下各视频的时长，如图4-7和图4-8所示。可以看到，目标文件夹下各视频时长均为来源文件夹下各视频时长的1/3左右。

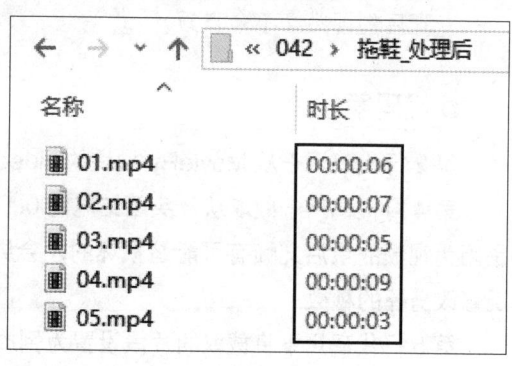

图 4-7

图 4-8

043 制作倒放效果的视频

◎ 代码文件：实例文件\04\043\制作倒放效果的视频.ipynb
◎ 素材文件：实例文件\04\043\花开.mp4

◎ 应用场景

倒放是指类似"时光倒流"的效果。它能增强作品的趣味性，带来别样的视觉感受。使用MoviePy模块中的time_mirror()函数可以制作倒放效果。

◎ 实现代码

```python
from moviepy.editor import VideoFileClip  # 从MoviePy模块的editor子模块中导入VideoFileClip类
from moviepy.video.fx.all import time_mirror  # 从MoviePy模块的video.fx.all子模块中导入time_mirror()函数
video_clip = VideoFileClip('花开.mp4')  # 读取视频
new_video = video_clip.subclip(0, -0.1)  # 通过截取片段将末尾部分剪去一小段
final_video = time_mirror(new_video)  # 将视频设置为倒放效果
final_video.write_videofile('花开_倒放.mp4', audio=False)  # 导出处理后的视频（不含音频）
```

◎ 代码解析

第2行代码用于从MoviePy模块的video.fx.all子模块中导入time_mirror()函数。

第4行代码用于截取从开头至结尾前0.1秒的视频片段，即将最后0.1秒的内容剪去。这是因为视频的最后几帧有可能是损坏的，会导致time_mirror()函数报错。读者可根据实际情况修改剪掉的秒数。

第5行代码用于将截取的片段设置为倒放效果。

第6行代码用于导出处理好的视频。因为time_mirror()函数会同时倒放画面和音频，这将导致音频效果变得奇怪，所以这里将参数audio设置为False，表示不导出音频部分。

◎ 知识延伸

time_mirror() 函数只有一个参数 clip，用于指定要处理的视频文件。

◎ 运行结果

运行本案例的代码后，播放生成的视频文件"花开_倒放.mp4"，即可看到花朵从开放逐渐变为闭合的倒放效果。

044 制作先正放再倒放的视频

◎ 代码文件：实例文件 \ 04 \ 044 \ 制作先正放再倒放的视频.ipynb
◎ 素材文件：实例文件 \ 04 \ 044 \ 青柠.mp4

◎ 应用场景

一般情况下，如果想要将一段视频制作为先正放再倒放的效果，需要先复制视频，再对复制的视频进行倒放，然后拼接到原视频的后方。本案例将介绍一种更简单的方法，那就是使用 MoviePy 模块中的 time_symmetrize() 函数。

◎ 实现代码

```
1  from moviepy.editor import VideoFileClip    # 从MoviePy模块的editor子
   模块中导入VideoFileClip类
2  from moviepy.video.fx.all import time_symmetrize    # 从MoviePy模块的
   video.fx.all子模块中导入time_symmetrize()函数
3  video_clip = VideoFileClip('青柠.mp4').subclip(5, 11)    # 读取视频，
   并截取第5～11秒的片段
4  new_video = time_symmetrize(video_clip)    # 将片段设置为先正放再倒放
   的效果
5  new_video.write_videofile('青柠1.mp4', audio=False)    # 导出处理后的
   视频（不含音频）
```

◎ 代码解析

第 2 行代码用于从 MoviePy 模块的 video.fx.all 子模块中导入 time_symmetrize() 函数。

第 3 行代码用于读取视频"青柠.mp4",并截取第 5～11 秒的片段。

第 4 行代码用于将截取的片段设置为先正放再倒放的效果。

第 5 行代码用于导出处理好的视频(不含音频)。

◎ 知识延伸

time_symmetrize() 函数只有一个参数 clip,用于指定要处理的视频文件。

◎ 运行结果

运行本案例的代码后,播放生成的视频文件"青柠1.mp4",可以看到前半部分为正序播放效果,后半部分为倒序播放效果。

045 为视频添加淡入 / 淡出效果

◎ 代码文件:实例文件 \ 04 \ 045 \ 为视频添加淡入 / 淡出效果.ipynb
◎ 素材文件:实例文件 \ 04 \ 045 \ 墨镜.mp4

◎ 应用场景

淡入 / 淡出又叫渐显 / 渐隐,它们的作用是在一个片段的开头 / 结尾向观众提示时间或空间开始变换。使用 MoviePy 模块中的 fadein() 函数和 fadeout() 函数可以为视频添加淡入 / 淡出效果。

◎ 实现代码

```
1  from moviepy.editor import VideoFileClip   # 从MoviePy模块的editor子模块中导入VideoFileClip类
2  from moviepy.video.fx.all import fadein, fadeout   # 从MoviePy模块的video.fx.all子模块中导入fadein()函数和fadeout()函数
3  video_clip = VideoFileClip('墨镜.mp4')   # 读取视频
```

```
4    new_video = fadein(video_clip, duration=3 , initial_color=(255, 255,
     255))    # 为视频添加淡入效果
5    new_video.write_videofile('墨镜_淡入.mp4')    # 导出处理后的视频
6    new_video = fadeout(video_clip, duration=3)    # 为视频添加淡出效果
7    new_video.write_videofile('墨镜_淡出.mp4')    # 导出处理后的视频
```

◎ **代码解析**

第 2 行代码用于从 MoviePy 模块的 video.fx.all 子模块中导入 fadein() 函数和 fadeout() 函数。

第 4 行代码用于为读取的视频添加白色淡入效果，效果的持续时间为 3 秒。第 6 行代码用于为读取的视频添加黑色淡出效果，效果的持续时间为 3 秒。读者可以根据"知识延伸"中的讲解和自己的实际需求修改 fadein() 函数和 fadeout() 函数的参数值。

◎ **知识延伸**

fadein() 函数用于为视频设置颜色淡入效果，即视频开始播放后，画面在指定时间内从某种颜色中逐渐显现。fadeout() 函数用于为视频设置颜色淡出效果，即在结束播放前的指定时间内画面逐渐隐入某种颜色之中。这两个函数都不会改变视频的时长，它们的常用语法格式如下，各参数的说明见表 4-3。

```
fadein(clip, duration, initial_color=None)
fadeout(clip, duration, final_color=None)
```

表 4-3

参数	说明
clip	指定要处理的视频文件
duration	指定淡入 / 淡出效果的持续时间（单位：秒）
initial_color / final_color	指定淡入 / 淡出时使用的颜色的 RGB 值，如 (160, 100, 95)。默认颜色为黑色

◎ 运行结果

运行本案例的代码后,播放生成的视频文件"墨镜_淡入.mp4",在开头处,画面从一片白色中逐渐显现,3秒后画面进入正常状态,如图4-9所示。播放生成的视频文件"墨镜_淡出.mp4",至最后3秒时,画面逐渐隐入一片黑色之中,如图4-10所示。

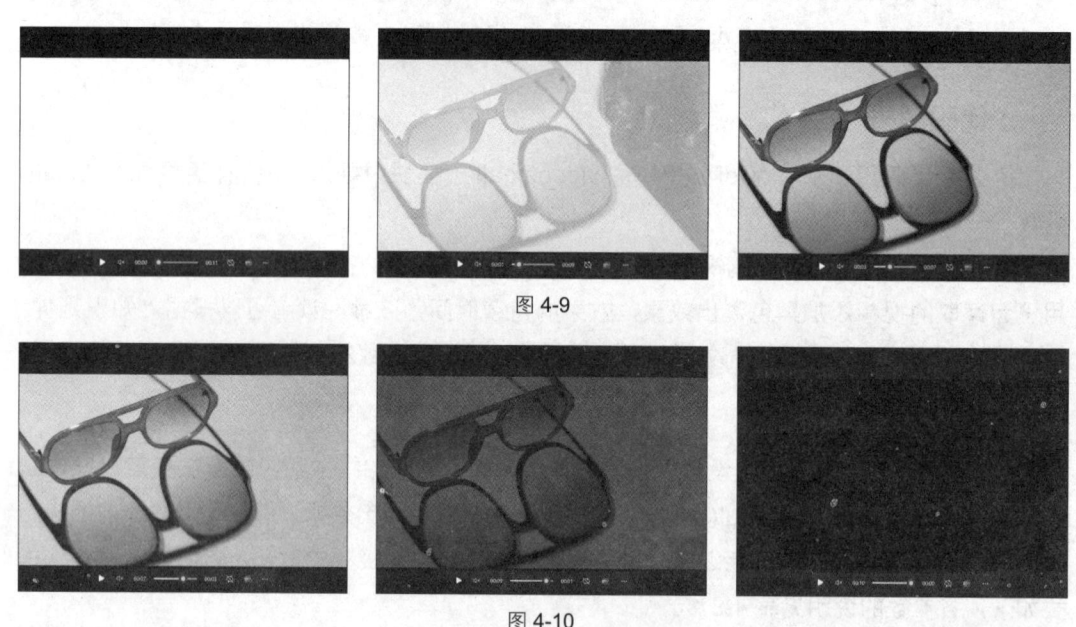

图 4-9

图 4-10

046 批量为多个视频添加淡入 / 淡出效果

◎ 代码文件:实例文件 \ 04 \ 046 \ 批量为多个视频添加淡入 / 淡出效果.ipynb
◎ 素材文件:实例文件 \ 04 \ 046 \ 城市交通_处理前(文件夹)

◎ 应用场景

如果有多个视频需要添加淡入 / 淡出效果,可通过构造循环来实现批量处理。文件夹"城市交通_处理前"中有多个 MP4 文件,现在需要批量在它们的开头和结尾分别添加 3 秒的黑色淡入 / 淡出效果。

◎ 实现代码

```
1   from pathlib import Path    # 导入pathlib模块中的Path类
2   from moviepy.editor import VideoFileClip   # 从MoviePy模块的editor子
    模块中导入VideoFileClip类
3   from moviepy.video.fx.all import fadein, fadeout   # 从MoviePy模块的
    video.fx.all子模块中导入fadein()函数和fadeout()函数
4   src_folder = Path('城市交通_处理前')   # 指定来源文件夹的路径
5   des_folder = Path('城市交通_处理后')   # 指定目标文件夹的路径
6   if not des_folder.exists():    # 如果目标文件夹不存在
7       des_folder.mkdir(parents=True)   # 创建目标文件夹
8   for i in src_folder.glob('*.mp4'):    # 遍历来源文件夹中的MP4文件
9       video_clip = VideoFileClip(str(i))   # 读取视频
10      new_video1 = fadein(video_clip, duration=3)   # 为视频添加黑色淡
        入效果
11      new_video2 = fadeout(new_video1, duration=3)   # 为视频添加黑色淡
        出效果
12      new_file = des_folder / i.name   # 构造导出视频的路径
13      new_video2.write_videofile(str(new_file))   # 导出处理后的视频
```

◎ 代码解析

本案例代码的编写思路并没有特别之处，读者可参照之前的批量处理案例进行理解。

◎ 运行结果

运行本案例的代码后，播放目标文件夹中的视频，即可看到相应的淡入／淡出效果，这里不再赘述。

第 5 章
视频画面明暗与色彩的调整

画面的明暗与色彩对于视频作品的视觉效果有着重要的影响。通过调整明暗与色彩，不仅能提高画面对观众的吸引力，还能起到传达情感、烘托场景氛围、增强艺术风格等作用。本章将讲解如何通过编写 Python 代码高效地调整视频画面的明暗与色彩。

047 将彩色画面转换为灰度画面

◎ 代码文件：实例文件 \ 05 \ 047 \ 将彩色画面转换为灰度画面.ipynb
◎ 素材文件：实例文件 \ 05 \ 047 \ 雨中小景.mp4

◎ 应用场景

相对于鲜艳明亮的彩色画面，简洁、纯净、层次丰富的灰度画面往往能展现独特的韵味。使用 MoviePy 模块中的 blackwhite() 函数可以将彩色画面转换为灰度画面。

◎ 实现代码

```
1  from moviepy.editor import VideoFileClip    # 从MoviePy模块的editor子模块中导入VideoFileClip类
2  from moviepy.video.fx.all import blackwhite    # 从MoviePy模块的video.fx.all子模块中导入blackwhite()函数
3  video_clip = VideoFileClip('雨中小景.mp4')    # 读取视频
4  new_video = blackwhite(video_clip, RGB=[0.5, 0.25, 0.25])    # 将视频画面转换为灰度效果
5  new_video.write_videofile('雨中小景_灰度.mp4')    # 导出处理后的视频
```

◎ 代码解析

第 2 行代码用于从 MoviePy 模块的 video.fx.all 子模块中导入 blackwhite() 函数。
第 4 行代码用于将所读取视频的画面转换为灰度效果。

◎ 知识延伸

blackwhite() 函数可将视频帧的彩色像素灰度化，其常用语法格式如下，各参数的说明见表 5-1。

```
blackwhite(clip, RGB=None)
```

表 5-1

参数	说明
clip	指定要处理的视频文件
RGB	指定 RGB 颜色的权重。默认值为 None，表示 RGB 颜色的权重比为 1∶1∶1。如果参数值设置为 'CRT_phosphor'，则 RGB = [0.2125, 0.7154, 0.0721]，其中的 3 个值之和为 1

◎ 运行结果

原视频"雨中小景.mp4"的播放效果如图 5-1 所示。运行本案例的代码后，播放生成的视频"雨中小景_灰度.mp4"，可以看到灰度效果的画面，如图 5-2 所示。

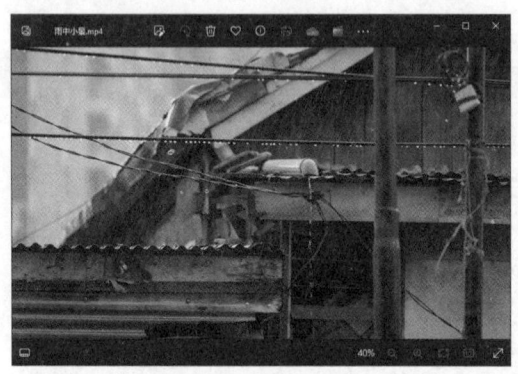

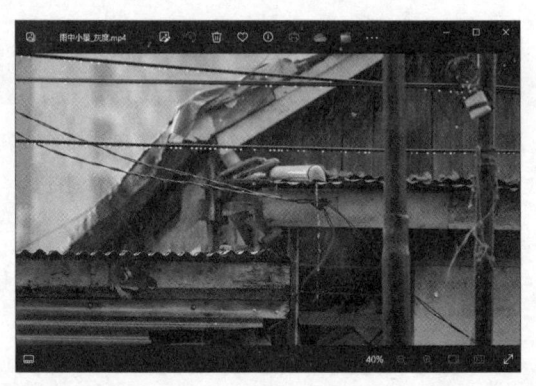

图 5-1　　　　　　　　　　　图 5-2

048　修复画面的曝光问题

◎ 代码文件：实例文件\05\048\修复画面的曝光问题.ipynb
◎ 素材文件：实例文件\05\048\放风筝.mp4、田园风光.mp4

◎ 应用场景

视频拍摄中的光线运用大有讲究，新手很难在短时间内熟练掌握，往往会拍出曝光过度或曝光不足的画面。使用 MoviePy 模块中的 colorx() 函数可以调整画面的明度，从而修复曝光问题。

◎ 实现代码

```
1  from moviepy.editor import VideoFileClip  # 从MoviePy模块的editor子模块中导入VideoFileClip类
2  from moviepy.video.fx.all import colorx  # 从MoviePy模块的video.fx.all子模块中导入colorx()函数
3  video_clip = VideoFileClip('放风筝.mp4')  # 读取视频
4  new_video = colorx(video_clip, factor=0.8)  # 降低画面的明度
5  new_video.write_videofile('放风筝1.mp4')  # 导出处理后的视频
6  video_clip = VideoFileClip('田园风光.mp4')  # 读取视频
7  new_video = colorx(video_clip, factor=2.4)  # 提高画面的明度
8  new_video.write_videofile('田园风光1.mp4')  # 导出处理后的视频
```

◎ 代码解析

第 2 行代码用于从 MoviePy 模块的 video.fx.all 子模块中导入 colorx() 函数。

第 4、7 行代码分别用于将视频的画面明度降低和提高。读者可以根据"知识延伸"中的讲解和自己的实际需求修改 colorx() 函数的参数值。

◎ 知识延伸

colorx() 函数通过将视频每一帧的每个像素的 RGB 值与参数 factor 相乘，达到更改画面明度的目的。该函数的常用语法格式如下，各参数的说明见表 5-2。

```
colorx(clip, factor)
```

表 5-2

参数	说明
clip	指定要处理的视频文件
factor	指定 RGB 颜色的变化系数。当参数值大于 1 时，明度提高，画面变亮；当参数值大于 0 且小于 1 时，明度降低，画面变暗。需要注意的是，该参数值不宜设置得过大，否则画面颜色会失真，也不宜设置得过小，否则画面会完全变黑

◎ 运行结果

本案例的两个原视频分别存在曝光过度和曝光不足的问题，其与处理后视频的播放效果对比如图 5-3 至图 5-6 所示。

图 5-3 　　　　　　　　　　　　　图 5-4

图 5-5 　　　　　　　　　　　　　图 5-6

049　提高亮度为画面补光

◎ 代码文件：实例文件\05\049\提高亮度为画面补光.ipynb
◎ 素材文件：实例文件\05\049\小镇鸟瞰.mp4

◎ 应用场景

有时由于环境光线不足或拍摄角度不佳，拍摄出来的视频画面会太暗，需要在后期处理中提高画面的亮度，恢复正常的明暗效果。本案例将通过设置 lum_contrast() 函数的参数 lum 对曝光不足的视频画面进行补光。

◎ 实现代码

```
1  from moviepy.editor import VideoFileClip  # 从MoviePy模块的editor子
   模块中导入VideoFileClip类
2  from moviepy.video.fx.all import lum_contrast  # 从MoviePy模块的
   video.fx.all子模块中导入lum_contrast()函数
3  video_clip = VideoFileClip('小镇鸟瞰.mp4')  # 读取视频
4  new_video = lum_contrast(video_clip, lum=75)  # 提高画面的亮度
5  new_video.write_videofile('小镇鸟瞰1.mp4')  # 导出处理后的视频
```

◎ 代码解析

第 2 行代码用于从 MoviePy 模块的 video.fx.all 子模块中导入 lum_contrast() 函数。

第 4 行代码用于提高视频画面的亮度。读者可以根据"知识延伸"中的讲解和自己的实际需求修改 lum_contrast() 函数的参数 lum 的值。

◎ 知识延伸

lum_contrast() 函数用于调整视频画面的亮度和对比度，其常用语法格式如下，各参数的说明见表 5-3。

```
lum_contrast(clip, lum=0, contrast=0, contrast_thr=127)
```

表 5-3

参数	说明
clip	指定要处理的视频文件
lum	指定要增加或减少的亮度值，取值范围为 -255～255。参数值为正数时，亮度增高，画面变亮；参数值为负数时，亮度降低，画面变暗
contrast	指定要增加或减少的对比度值。参数值为正数时，画面对比度增强；参数值为负数时，画面对比度减弱

参数	说明
contrast_thr	指定对比度调整的基准值，默认值为 127

◎ 运行结果

原视频"小镇鸟瞰.mp4"的播放效果如图 5-7 所示。运行本案例的代码后，播放生成的视频"小镇鸟瞰1.mp4"，可以看到画面亮度提高，如图 5-8 所示。

图 5-7   图 5-8

050　增强对比度校正偏灰的画面

◎ 代码文件：实例文件＼05＼050＼增强对比度校正偏灰的画面.ipynb
◎ 素材文件：实例文件＼05＼050＼高山茶园.mp4

◎ 应用场景

拍摄视频时如果曝光不准，画面颜色就会相对灰暗，影响观看体验。本案例将通过设置 lum_contrast() 函数的参数 contrast 来调整视频画面的对比度，增强明暗对比效果。

◎ 实现代码

```
1  from moviepy.editor import VideoFileClip    # 从MoviePy模块的editor子
```

模块中导入VideoFileClip类
2 from moviepy.video.fx.all import lum_contrast # 从MoviePy模块的video.fx.all子模块中导入lum_contrast()函数
3 video_clip = VideoFileClip('高山茶园.mp4') # 读取视频
4 new_video = lum_contrast(video_clip, contrast=1.4) # 调整画面对比度
5 new_video.write_videofile('高山茶园1.mp4') # 导出处理后的视频
```

◎ **代码解析**

第 4 行代码用于调整视频画面的对比度。读者可以根据案例 049 "知识延伸"中的讲解和自己的实际需求修改 lum_contrast() 函数的参数 contrast 的值。

◎ **运行结果**

原视频"高山茶园.mp4"的播放效果如图 5-9 所示。运行本案例的代码后，播放生成的视频"高山茶园1.mp4"，可以看到画面明暗对比增强，层次更加分明，如图 5-10 所示。

图 5-9            图 5-10

## 051　同时调整画面的亮度和对比度

◎ 代码文件：实例文件\05\051\同时调整画面的亮度和对比度.ipynb
◎ 素材文件：实例文件\05\051\旧楼.mp4
```

◉ 应用场景

提高视频画面的整体亮度有时会导致对比度减弱。本案例将通过设置 lum_contrast() 函数的参数 lum 和 contrast，将画面的亮度和对比度同时调整为较理想的状态。

◉ 实现代码

```
1  from moviepy.editor import VideoFileClip  # 从MoviePy模块的editor子模块中导入VideoFileClip类
2  from moviepy.video.fx.all import lum_contrast  # 从MoviePy模块的video.fx.all子模块中导入lum_contrast()函数
3  video_clip = VideoFileClip('旧楼.mp4')  # 读取视频
4  new_video = lum_contrast(video_clip, lum=90, contrast=1.05)  # 调整画面的亮度和对比度
5  new_video.write_videofile('旧楼1.mp4')  # 导出处理后的视频
```

◉ 代码解析

第 4 行代码用于同时调整视频画面的亮度和对比度。读者可以根据案例 049 "知识延伸"中的讲解和自己的实际需求修改 lum_contrast() 函数的参数 lum 和 contrast 的值。

◉ 运行结果

原视频"旧楼.mp4"的播放效果如图 5-11 所示。运行本案例的代码后，播放生成的视频"旧楼1.mp4"，可以看到画面的亮度和对比度均变为较理想的状态，如图 5-12 所示。

图 5-11   图 5-12

052 反转画面颜色打造怀旧底片效果

◎ 代码文件：实例文件 \ 05 \ 052 \ 反转画面颜色打造怀旧底片效果.ipynb
◎ 素材文件：实例文件 \ 05 \ 052 \ 墨镜.mp4

◎ 应用场景

有一些视频作品的画面会采用类似胶卷底片的特殊视觉效果，以营造一种怀旧的氛围。使用 MoviePy 模块中的 invert_colors() 函数可以对视频画面进行反色处理，制作出这种怀旧的底片效果。

◎ 实现代码

```python
1  from moviepy.editor import VideoFileClip    # 从MoviePy模块的editor子模块中导入VideoFileClip类
2  from moviepy.video.fx.all import invert_colors    # 从MoviePy模块的video.fx.all子模块中导入invert_colors()函数
3  video_clip = VideoFileClip('墨镜.mp4')    # 读取视频
4  new_video = invert_colors(video_clip)    # 反转画面颜色
5  new_video.write_videofile('墨镜1.mp4')    # 导出处理后的视频
```

◎ 代码解析

第 2 行代码用于从 MoviePy 模块的 video.fx.all 子模块中导入 invert_colors() 函数。
第 4 行代码用于反转所读取视频的画面颜色。

◎ 知识延伸

invert_colors() 函数可以反转视频帧中像素的颜色，让帧的明暗与原先的明暗相反，帧的颜色则变为原先颜色的补色。该函数的语法格式比较简单，只有一个参数 clip，用于指定要处理的视频文件。

◎ 运行结果

原视频"墨镜.mp4"的播放效果如图 5-13 所示。运行本案例的代码后，播放生成的视频

"墨镜1.mp4",可以看到反转颜色后的画面效果,如图 5-14 所示。

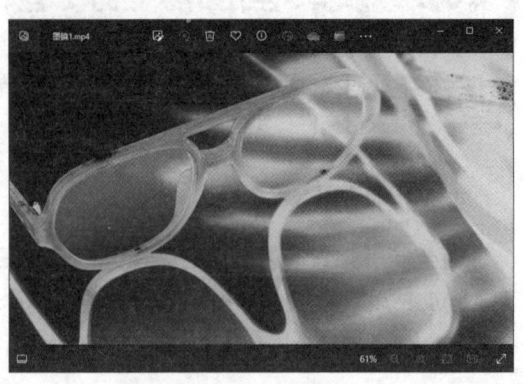

图 5-13

图 5-14

第 6 章

视频的拼接与合成

完成了视频素材的剪辑和调整后，还需要根据创作需求对多段视频素材进行拼接或合成，以得到内容完整的作品。本章将讲解如何通过编写 Python 代码高效地拼接与合成视频。

053 拼接两个相同尺寸的视频

◎ 代码文件：实例文件 \ 06 \ 053 \ 拼接两个相同尺寸的视频.ipynb
◎ 素材文件：实例文件 \ 06 \ 053 \ 雨中街景1.mp4、雨中街景2.mp4

◎ 应用场景

使用 MoviePy 模块中的 concatenate_videoclips() 函数可以把多个视频拼接为一个新视频。本案例将通过拼接两个相同尺寸的视频来讲解该函数的用法。

◎ 实现代码

```
1  from moviepy.editor import VideoFileClip, concatenate_videoclips
   # 从MoviePy模块的editor子模块中导入VideoFileClip类和concatenate_videoclips()函数
2  video_clip1 = VideoFileClip('雨中街景1.mp4')   # 读取第1个视频
3  video_clip2 = VideoFileClip('雨中街景2.mp4')   # 读取第2个视频
4  new_video = concatenate_videoclips([video_clip1, video_clip2])   # 将读取的两个视频拼接在一起
5  new_video.write_videofile('雨中街景_拼接.mp4')   # 导出拼接后的视频
```

◎ 代码解析

第 1 行代码用于从 MoviePy 模块的 editor 子模块中导入 VideoFileClip 类和 concatenate_videoclips() 函数。

第 2、3 行代码用于依次读取要拼接的视频"雨中街景1.mp4"和"雨中街景2.mp4"。

第 4 行代码用于将读取的两个视频按列表中的顺序拼接成一个视频。

第 5 行代码用于导出拼接后的视频。

◎ 知识延伸

concatenate_videoclips() 函数可以将多个视频首尾相连地拼接成一个视频。该函数的常用语法格式如下，各参数的说明见表 6-1。

```
concatenate_videoclips(clips, method='chain')
```

表 6-1

参数	说明
clips	参数值为一个列表，包含要拼接的多个视频文件。视频文件在列表中的排列顺序就是拼接的顺序
method	指定拼接的方式。设置为 'chain'（默认值）时表示仅将各个视频简单地按顺序拼接在一起，如果这些视频的画面尺寸不同，也不会进行修正；设置为 'compose' 时，如果各个视频的画面尺寸不同，则生成的新视频的画面尺寸取各个视频画面尺寸的最大值，其中画面尺寸较小的视频在播放时将居中显示

◎ 运行结果

运行本案例的代码后，播放生成的视频文件"雨中街景_拼接.mp4"，可以依次看到原先两个视频的画面内容，并且该视频的时长为原先两个视频的时长的总和。

054　拼接两个不同尺寸的视频

◎ 代码文件：实例文件\06\054\拼接两个不同尺寸的视频.ipynb
◎ 素材文件：实例文件\06\054\雨中街景2.mp4、雨中街景3.mp4

◎ 应用场景

案例 053 中拼接的是画面尺寸相同的视频，如果拼接的是画面尺寸不同的视频，默认情况下得到的视频会出现花屏现象，虽然将 concatenate_videoclips() 函数的参数 method 设置成 'compose' 可以消除花屏现象，但是尺寸较小的视频画面四周又会有黑边。解决这个问题的一个办法是先将这些视频的画面调整成相同的尺寸后再进行拼接。考虑到放大较小尺寸的视频有可能导致画面模糊，建议以较小尺寸的视频为基准进行调整。

◎ 实现代码

```
1  from moviepy.editor import VideoFileClip, concatenate_videoclips
```

```
1   # 从MoviePy模块的editor子模块中导入VideoFileClip类和concatenate_vid-
    eoclips()函数
2   video_clip1 = VideoFileClip('雨中街景2.mp4')    # 读取第1个视频
3   video_clip2 = VideoFileClip('雨中街景3.mp4').resize(newsize=video_
    clip1.size)    # 读取第2个视频,并将其画面尺寸调整为与第1个视频相同
4   new_video = concatenate_videoclips([video_clip1, video_clip2])    # 拼
    接两个视频
5   new_video.write_videofile('雨中街景_拼接.mp4')    # 导出拼接后的视频
```

◎ **代码解析**

第 2 行代码用于读取第 1 个视频"雨中街景 2.mp4"。

第 3 行代码用于读取第 2 个视频"雨中街景 3.mp4",然后将其画面尺寸调整为与第 1 个视频相同。

第 4 行代码用于将两个视频拼接成一个视频。

◎ **知识延伸**

画面尺寸的调整有多种思路,本案例代码的思路是使用 resize() 函数缩放画面(参见案例 031)。此外,还可以在读取视频时通过设置参数 target_resolution 修改画面尺寸(参见案例 030),或者使用 crop() 函数裁剪画面(参见案例 034)。

◎ **运行结果**

运行本案例的代码后,播放生成的视频文件"雨中街景_拼接.mp4",可以依次看到原先两个视频的画面内容,并且该视频的时长为原先两个视频的时长的总和,画面尺寸与第 1 个视频的画面尺寸相同。

055 批量拼接多个相同尺寸的视频

◎ 代码文件:实例文件\06\055\批量拼接多个相同尺寸的视频.ipynb
◎ 素材文件:实例文件\06\055\花朵_处理前(文件夹)

◎ 应用场景

文件夹"花朵_处理前"中有 5 个画面尺寸相同的 MP4 文件,现在需要将它们拼接在一起。为了提高效率,可以用 for 语句构建循环,依次读取该文件夹中的视频,并将其添加到一个列表中,再用 concatenate_videoclips() 函数拼接列表中的视频。

◎ 实现代码

```
1  from pathlib import Path  # 导入pathlib模块中的Path类
2  from moviepy.editor import VideoFileClip, concatenate_videoclips
   # 从MoviePy模块的editor子模块中导入VideoFileClip类和concatenate_videoclips()函数
3  src_folder = Path('花朵_处理前')  # 指定来源文件夹的路径
4  clip_list = []  # 创建一个空列表,用于存放待拼接的视频
5  for i in src_folder.glob('*.mp4'):  # 遍历来源文件夹中的MP4文件
6      video_clip = VideoFileClip(str(i)).subclip(0, 4)  # 读取遍历到的MP4文件,并截取前4秒的片段
7      clip_list.append(video_clip)  # 将视频片段添加至列表
8  new_video = concatenate_videoclips(clip_list)  # 拼接视频
9  new_video.write_videofile('花朵.mp4')  # 导出拼接后的视频
```

◎ 代码解析

第 3~7 行代码通过 for 语句构造的循环依次遍历来源文件夹中的 MP4 文件,然后读取文件并截取片段,再将片段添加到列表 clip_list 中。

第 8 行代码使用 concatenate_videoclips() 函数将列表 clip_list 中的多个片段拼接在一起。

◎ 知识延伸

第 4~7 行代码可以使用列表推导式简化为如下所示的一行代码:

```
1  clip_list = [VideoFileClip(str(i)).subclip(0, 4) for i in src_folder.glob('*.mp4')]
```

◎ 运行结果

运行本案例的代码后，播放生成的视频文件"花朵.mp4"，可看到其内容是由文件夹"花朵_处理前"下的 5 个视频的前 4 秒内容组成的，故总时长为 20 秒。

056 批量拼接多个不同尺寸的视频

◎ 代码文件：实例文件 \ 06 \ 056 \ 批量拼接多个不同尺寸的视频.ipynb
◎ 素材文件：实例文件 \ 06 \ 056 \ 软糖_处理前（文件夹）

◎ 应用场景

文件夹"软糖_处理前"中有 5 个待拼接的 MP4 文件。因为这些视频的画面尺寸不同，所以需要先统一画面尺寸再拼接。本案例将通过设置 VideoFileClip 类的参数 target_resolution，将这些视频的画面尺寸修改为 1280 像素 ×720 像素。

◎ 实现代码

```
1  from pathlib import Path    # 导入pathlib模块中的Path类
2  from moviepy.editor import VideoFileClip, concatenate_videoclips
   # 从MoviePy模块的editor子模块中导入VideoFileClip类和concatenate_videoclips()函数
3  src_folder = Path('软糖_处理前')    # 指定来源文件夹的路径
4  clip_list = []    # 创建一个空列表
5  for i in src_folder.glob('*.mp4'):    # 遍历来源文件夹中的MP4文件
6      video_clip = VideoFileClip(str(i), target_resolution=[720, 1280]).speedx(factor=2)    # 读取遍历到的MP4文件，修改画面尺寸，并设置以2倍速播放
7      clip_list.append(video_clip)    # 将视频文件添加至列表
8  new_video = concatenate_videoclips(clip_list)    # 拼接视频
9  new_video.write_videofile('软糖.mp4')    # 导出拼接后的视频
```

◎ 代码解析

第 3～7 行代码通过 for 语句构造的循环依次遍历来源文件夹中的 MP4 文件，然后读取文件并修改画面尺寸和播放速度，再将视频添加到列表 clip_list 中。

第 8 行代码使用 concatenate_videoclips() 函数将列表 clip_list 中的多个视频拼接在一起。

◎ 知识延伸

第 4～7 行代码可以使用列表推导式简化为如下所示的一行代码：

```
1  clip_list = [VideoFileClip(str(i), target_resolution=[720, 1280]).speedx(factor=2) for i in src_folder.glob('*.mp4')]
```

◎ 运行结果

运行本案例的代码后，播放生成的视频文件"软糖.mp4"，可看到具体的拼接效果，这里不再赘述。

057 从单个视频中截取多个片段并合成新视频

◎ 代码文件：实例文件 \ 06 \ 057 \ 从单个视频中截取多个片段并合成新视频.ipynb
◎ 素材文件：实例文件 \ 06 \ 057 \ 城市记忆.mp4

◎ 应用场景

如果想要将一个视频中的多个片段截取出来，组合成一个新视频，可以先用 subclip() 函数截取需要的片段，再用 concatenate_videoclips() 函数将这些片段拼接起来。

◎ 实现代码

```
1  from moviepy.editor import VideoFileClip, concatenate_videoclips
   # 从MoviePy模块的editor子模块中导入VideoFileClip类和concatenate_videoclips()函数
2  video_clip = VideoFileClip('城市记忆.mp4')   # 读取视频
```

```
3   new_clip1 = video_clip.subclip(22, 28)   # 截取第22～28秒的片段
4   new_clip2 = video_clip.subclip(44, 50)   # 截取第44～50秒的片段
5   new_clip3 = video_clip.subclip(59, 65)   # 截取第59～65秒的片段
6   final_video = concatenate_videoclips([new_clip1, new_clip2, new_
    clip3])   # 将截取的3个视频片段拼接在一起
7   final_video.write_videofile('城市记忆_精选.mp4', audio=False)   # 导
    出拼接后的视频（不含音频）
```

◎ 代码解析

第 3～5 行代码分别用于从读取的视频中截取 3 个片段。读者可根据实际需求修改截取的时间点。

第 6 行代码用于将 3 个片段按指定顺序拼接为一个视频。读者可根据实际需求修改拼接的顺序。

第 7 行代码用于导出拼接后的视频。因为本案例是对截取的片段进行拼接，片段所带的音频已经不连贯，所以导出时只导出画面，不导出音频。

◎ 运行结果

运行本案例的代码后，播放生成的视频文件"城市记忆_精选.mp4"，可依次看到所截取片段的内容。

058 批量为多个视频添加片头和片尾

◎ 代码文件：实例文件\06\058\批量为多个视频添加片头和片尾.ipynb
◎ 素材文件：实例文件\06\058\街景_处理前（文件夹）、片头.mp4、片尾.mp4

◎ 应用场景

与长篇的影视作品相比，短视频作品的片头和片尾更为简短，但仍然扮演着至关重要的角色。片头可以起到快速吸引观众的注意力、塑造创作者的品牌形象等作用，片尾则通常用于致谢、引导观众互动等。为单个视频添加片头和片尾的方法很简单，使用 concatenate_ videoclips() 函数将片头、主体、片尾依次拼接在一起即可。文件夹"街景_处理前"中有多个 MP4 文件,如果要批量为这些视频添加片头和片尾,可通过构造循环来实现。

◎ 实现代码

```
1   from pathlib import Path  # 导入pathlib模块中的Path类
2   from moviepy.editor import VideoFileClip, concatenate_videoclips
    # 从MoviePy模块的editor子模块中导入VideoFileClip类和concatenate_videoclips()函数
3   from moviepy.video.fx.all import fadein, fadeout  # 从MoviePy模块的video.fx.all子模块中导入fadein()函数和fadeout()函数
4   title_video = VideoFileClip('片头.mp4')  # 读取片头
5   credit_video = VideoFileClip('片尾.mp4')  # 读取片尾
6   src_folder = Path('街景_处理前')  # 指定来源文件夹的路径
7   des_folder = Path('街景_处理后')  # 指定目标文件夹的路径
8   if not des_folder.exists():  # 如果目标文件夹不存在
9       des_folder.mkdir(parents=True)  # 则创建目标文件夹
10  for i in src_folder.glob('*.mp4'):  # 遍历来源文件夹中的MP4文件
11      video_clip = VideoFileClip(str(i))  # 读取作为主体的视频
12      video_clip = fadein(video_clip, duration=1, initial_color=(255, 255, 255))  # 为主体添加淡入效果
13      video_clip = fadeout(video_clip, duration=1, final_color=(255, 255, 255))  # 为主体添加淡出效果
14      new_video = concatenate_videoclips([title_video, video_clip, credit_video])  # 将片头、主体、片尾依次拼接在一起
15      new_file = des_folder / i.name  # 构造导出视频的路径
16      new_video.write_videofile(str(new_file))  # 导出处理后的视频
```

◎ 代码解析

第 12、13 行代码分别用于为读取的视频主体添加颜色淡入和淡出效果,这是为了让片头、

主体、片尾三者之间的衔接和过渡更加自然。

其余代码的含义与前面的批量处理案例类似，这里不再赘述。

◎ 知识延伸

片头、主体、片尾的画面尺寸应相同。如果三者的画面尺寸不同，则需要调整一致后再拼接。拼接时要注意三者在列表中的排列顺序。

◎ 运行结果

运行本案例的代码后，打开目标文件夹，播放其中的任意一个视频文件，可以看到添加的片头和片尾内容。

059 拼接指定时间段播放的多个视频

◎ 代码文件：实例文件\06\059\拼接指定时间段播放的多个视频.ipynb
◎ 素材文件：实例文件\06\059\汽车（文件夹）

◎ 应用场景

拼接视频时，如果要指定每个片段的播放时间段，可先用 set_start() 函数和 set_end() 函数分别为每个片段设置开始播放和结束播放的时间，再用 CompositeVideoClip 类合成视频。

◎ 实现代码

```
1  from moviepy.editor import VideoFileClip, CompositeVideoClip  # 从
   MoviePy模块的editor子模块中导入VideoFileClip类和CompositeVideoClip类
2  video_clip1 = VideoFileClip('汽车/01.mp4')  # 读取第1个视频
3  video_clip2 = VideoFileClip('汽车/02.mp4').set_start(5)  # 读取第2个
   视频，并设置开始播放时间
4  video_clip3 = VideoFileClip('汽车/03.mp4').set_start(10).set_end
   (16)  # 读取第3个视频，并设置开始播放和结束播放的时间
5  video_clip4 = VideoFileClip('汽车/04.mp4').set_start(15).set_end
```

```
(20)   # 读取第4个视频，并设置开始播放和结束播放的时间
6  new_video = CompositeVideoClip([video_clip1, video_clip2, video_
   clip3, video_clip4])   # 合成4个视频
7  new_video.write_videofile('汽车广告.mp4')   # 导出视频
```

◎ 代码解析

第 2 行代码用于读取要合成的第 1 个视频 "01.mp4"。第 3 行代码用于读取要合成的第 2 个视频 "02.mp4"，并设置从第 5 秒开始播放。第 4 行代码用于读取要合成的第 3 个视频 "03.mp4"，并设置从第 10 秒开始播放，在第 16 秒结束播放。第 5 行代码用于读取要合成的第 4 个视频 "04.mp4"，并设置从第 15 秒开始播放，在第 20 秒结束播放。读者可根据实际需求修改开始播放和结束播放的时间，但要注意考虑各个视频的时长，不要让两个视频之间出现空白画面。

第 6 行代码用于合成上述 4 个视频。在合成视频中，第 1 个视频从默认的第 0 秒开始播放，第 2～4 个视频则按设置的时间开始播放和结束播放。

◎ 知识延伸

（1）CompositeVideoClip 类用于合成多个视频，其常用语法格式如下，各参数的说明见表 6-2。

```
CompositeVideoClip(clips, size=None, bg_color=None)
```

表 6-2

参数	说明
clips	参数值为一个列表，包含要合成的多个视频文件。视频文件将按照列表中的排列顺序从下到上依次进行叠加
size	指定合成视频的画面尺寸。如果参数值为 None，则将第 1 个视频的画面尺寸作为合成视频的画面尺寸
bg_color	当合成视频的画面尺寸比原视频的画面尺寸大时，用此参数指定合成视频的背景颜色，如 (255, 255, 255)。如果参数值为 None，则表示将画面背景设置为透明效果

CompositeVideoClip 类会按列表中的顺序将视频文件从下到上进行叠加。例如，列表为 [clip1, clip2, clip3]，那么叠加时 clip2 压在 clip1 上方，clip3 压在 clip2 和 clip1 上方。如果 clip3 的画面尺寸最大或 3 个视频的画面尺寸一样大，那么 clip1 和 clip2 都会被 clip3 遮住，最终只能看到最上层的 clip3。

（2）set_start() 函数和 set_end() 函数分别用于设置各个素材视频在合成视频中的开始播放时间和结束播放时间。这两个函数的常用语法格式相同，只有一个参数 t，用于指定开始播放或结束播放的时间。这个参数有 4 种表示方式：①秒，为一个浮点型数字，如 47.15；②分和秒组成的元组，如 (2, 13.25)；③时、分、秒组成的元组，如 (0, 2, 13.25)；④用冒号分隔的时间字符串，如 '0:2:13.25'。

◎ 运行结果

运行本案例的代码后，播放生成的视频文件"汽车广告.mp4"，会先看到第 1 个视频的画面内容，第 2～4 个视频则会在指定的时间点开始播放，如图 6-1 所示。

图 6-1

060 拼接两个视频并添加转场效果

◎ 代码文件：实例文件\06\060\拼接两个视频并添加转场效果.ipynb
◎ 素材文件：实例文件\06\060\长颈鹿1.mp4、长颈鹿2.mp4

◎ 应用场景

把两段视频拼接在一起时，为了让片段之间的过渡显得自然，可以在片段之间添加叠化转场效果。叠化转场又称为交叉渐变，应用这种效果会让两个片段之间有短暂的重合，后一个片段开头的画面覆盖在前一个片段结尾的画面上，新画面的不透明度逐渐增大，直到转场完成。使用 MoviePy 模块中的 crossfadein() 函数可以制作叠化转场效果。

◎ 实现代码

```
1  from moviepy.editor import VideoFileClip, CompositeVideoClip   # 从
   MoviePy模块的editor子模块中导入VideoFileClip类和CompositeVideoClip类
2  video_clip1 = VideoFileClip('长颈鹿1.mp4')   # 读取第1个视频
3  video_clip2 = VideoFileClip('长颈鹿2.mp4').set_start(6).crossfadein
   (1.5)   # 读取第2个视频，为其设置开始播放时间，并添加叠化转场效果
4  final_video = CompositeVideoClip([video_clip1, video_clip2])   # 合
   并两个视频
5  final_video.write_videofile('长颈鹿.mp4')   # 导出合并的视频
```

◎ 代码解析

第 2 行代码用于读取第 1 个视频"长颈鹿1.mp4"。

第 3 行代码先读取第 2 个视频"长颈鹿2.mp4"，然后设置其从第 6 秒开始播放，并在开头添加时长为 1.5 秒的叠化转场效果。读者可根据需求修改转场的开始时间和时长。

第 4 行代码用于将上述两个视频合成为一个视频。

◎ 知识延伸

crossfadein() 函数用于在视频开头添加叠化转场效果，它只有一个参数 duration，用于

指定叠化转场效果的时长（单位：秒）。与crossfadein()函数对应的是crossfadeout()函数，用于在视频结尾添加叠化转场效果，其用法也是类似的，这里不再赘述。

◎ 运行结果

运行本案例的代码后，播放生成的视频文件"长颈鹿.mp4"，在画面切换时可以看到叠化转场效果，如图6-2所示。

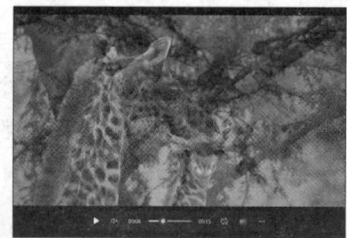

图6-2

061　批量拼接多个视频并添加转场效果

◎ 代码文件：实例文件\06\061\批量拼接多个视频并添加转场效果.ipynb
◎ 素材文件：实例文件\06\061\儿童绘画_处理前（文件夹）

◎ 应用场景

文件夹"儿童绘画_处理前"中有多个MP4文件，如果要将这些视频批量拼接在一起并添加转场效果，可以通过构造循环来实现。

◎ 实现代码

```
1  from pathlib import Path   # 导入pathlib模块中的Path类
2  from moviepy.editor import VideoFileClip, CompositeVideoClip   # 从MoviePy模块的editor子模块中导入VideoFileClip类和CompositeVideoClip类
3  src_folder = Path('儿童绘画_处理前')   # 指定来源文件夹的路径
4  file_list = list(src_folder.glob('*.mp4'))   # 获取来源文件夹下所有
```

```
                MP4文件的路径列表
5       video_list = []    # 创建一个空列表,用于存放剪辑后的视频片段
6       for idx, file in enumerate(file_list):    # 遍历MP4文件的路径列表
7           if idx == 0:    # 如果是第1个视频
8               video_clip = VideoFileClip(str(file)).subclip(0, 6)    # 读
                    取视频并截取片段
9           else:    # 如果不是第1个视频
10              video_clip = VideoFileClip(str(file)).subclip(0, 6).set_
                    start(idx * 5).crossfadein(1)    # 读取视频并截取片段,然后设置
                    开始播放时间和叠化转场效果
11          video_list.append(video_clip)    # 将处理好的片段添加到列表中
12      merge_video = CompositeVideoClip(video_list)    # 合成视频
13      merge_video.write_videofile('儿童绘画.mp4')    # 导出视频
```

◎ 代码解析

第 3 行代码用于指定来源文件夹的路径。

第 4 行代码用于获取来源文件夹下所有 MP4 文件的路径列表 file_list。

第 5 行代码创建了一个空列表 video_list,用于存放剪辑后的视频片段。

第 6 行代码结合使用 for 语句和 enumerate() 函数(参见案例 018)构造了一个循环,从列表 file_list 中依次取出视频文件的序号和路径,此时变量 idx 代表序号(默认从 0 开始),变量 file 代表路径。

第 7 行代码根据变量 idx 的值判断遍历到的路径是否为第 1 个视频,如果为第 1 个视频,就执行第 8 行代码,读取视频并截取片段;如果不是第 1 个视频,则执行第 10 行代码,在读取视频并截取片段后,指定片段的开始播放时间,并设置时长为 1 秒的叠化转场效果。

第 11 行代码用于将处理好的片段添加到列表 video_list 中。

第 12 行代码用于把列表 video_list 中的所有片段合成为一个新视频。

◎ 运行结果

运行本案例的代码后,播放生成的视频文件"儿童绘画.mp4",在画面切换时可以看到

叠化转场效果，如图 6-3 所示。

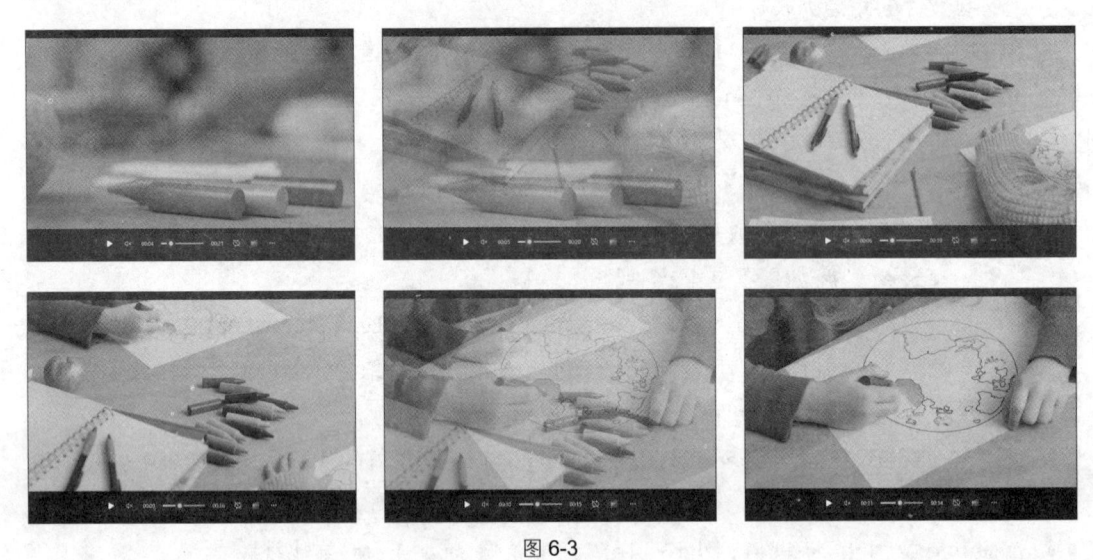

图 6-3

第 7 章 视频的特效制作

恰到好处的特效能为视频作品增添趣味性或艺术性。本章将讲解如何通过编写 Python 代码高效地制作视频特效，包括分屏特效、画中画特效、录制框特效等。

062 制作镜像分屏特效视频

◎ 代码文件：实例文件\07\062\制作镜像分屏特效视频.ipynb
◎ 素材文件：实例文件\07\062\花朵绽放.mp4、棕榈树.mp4

◎ 应用场景

镜像分屏特效是指将翻转前和翻转后的两个画面沿一条轴线对称分布，按照翻转和分布的方式可以分为左右镜像和上下镜像两种形式。结合使用 MoviePy 模块中的 mirror_x() 函数、mirror_y() 函数和 clips_array() 函数即可制作镜像分屏特效的视频。

◎ 实现代码

```python
from moviepy.editor import VideoFileClip, clips_array  # 从MoviePy模块的editor子模块中导入VideoFileClip类和clips_array()函数
from moviepy.video.fx.all import mirror_x, mirror_y  # 从MoviePy模块的video.fx.all子模块中导入mirror_x()函数和mirror_y()函数
video_clip = VideoFileClip('花朵绽放.mp4')  # 读取视频
video_clip = video_clip.rotate(angle=90)  # 将画面逆时针旋转90°
new_clip = mirror_x(video_clip)  # 水平翻转画面
final_clip = clips_array([[video_clip, new_clip]])  # 横向堆叠视频
final_clip.write_videofile('花朵绽放_左右镜像.mp4')  # 导出视频
video_clip = VideoFileClip('棕榈树.mp4')  # 读取视频
new_clip = mirror_y(video_clip)  # 垂直翻转画面
final_clip = clips_array([[video_clip], [new_clip]])  # 纵向堆叠视频
final_clip.write_videofile('棕榈树_上下镜像.mp4')  # 导出视频
```

◎ 代码解析

第 1、2 行代码用于导入所需的类和函数。

第 3 行代码用于读取要制作为左右镜像效果的视频"花朵绽放.mp4"。

第 4 行代码用于将视频"花朵绽放.mp4"的画面逆时针旋转 90°。

第 5 行代码用于将逆时针旋转后的视频再进行水平翻转。

第 6 行代码用于横向堆叠逆时针旋转 90°的视频和水平翻转后的视频。

第 7 行代码用于导出横向堆叠后的视频。

第 8 行代码用于读取要制作为上下镜像效果的视频"棕榈树.mp4"。

第 9 行代码用于对视频"棕榈树.mp4"进行垂直翻转。

第 10 行代码用于纵向堆叠原视频和垂直翻转后的视频。

第 11 行代码用于导出纵向堆叠后的视频。

◎ 知识延伸

（1）上述代码中的 rotate() 函数在案例 028 中介绍过，mirror_x() 函数和 mirror_y() 函数在案例 029 中介绍过，这里不再赘述。

（2）第 6、10 行代码中的 clips_array() 函数用于堆叠视频画面，其常用语法格式如下，各参数的说明见表 7-1。

```
clips_array(array, rows_widths=None, cols_widths=None)
```

表 7-1

参数	说明
array	指定用于堆叠的视频。参数值为一个二维列表，即一个大列表包含一个或多个小列表。小列表的数量代表子画面的行数。小列表中的元素则是一个或多个视频文件，代表要在一行中显示的子画面。小列表的元素个数代表子画面的列数，各个小列表的元素个数应一致
rows_widths、cols_widths	分别用于指定各行的高度（单位：像素）和各列的宽度（单位：像素），以列表的形式给出。如果省略或设置为 None，则函数会自动进行设置。需要注意的是，当给出这两个参数时，clips_array() 函数会按照参数值对原视频的画面进行裁剪，而不是对原视频的画面进行缩放

◎ 运行结果

本案例的两个原视频与代码生成的镜像分屏特效视频的播放效果对比分别如图 7-1 和图 7-2 所示。

图 7-1

图 7-2

063 制作左右分屏特效视频

◎ 代码文件：实例文件＼07＼063＼制作左右分屏特效视频.ipynb
◎ 素材文件：实例文件＼07＼063＼城市交通1.mp4、城市交通2.mp4

◎ 应用场景

左右分屏特效是指将一个画面划分成左右两个部分，分别播放不同的画面。本案例将结合使用 crop() 函数和 clips_array() 函数，将两个横屏拍摄的视频通过先裁剪后堆叠的方式制作成左右分屏特效视频。

◎ 实现代码

```
1   from moviepy.editor import VideoFileClip, clips_array   # 从MoviePy
    模块的editor子模块中导入VideoFileClip类和clips_array()函数
2   video_clip1 = VideoFileClip('城市交通1.mp4')   # 读取第1个视频
3   x = video_clip1.w / 2   # 计算第1个视频画面中心点的x坐标
4   y = video_clip1.h / 2   # 计算第1个视频画面中心点的y坐标
5   new_video1 = video_clip1.crop(width=640, height=720, x_center=x,
    y_center=y)   # 裁剪第1个视频的画面
6   video_clip2 = VideoFileClip('城市交通2.mp4').set_duration(video_
    clip1.duration)   # 读取第2个视频,并调整其时长
7   x = video_clip2.w / 2   # 计算第2个视频画面中心点的x坐标
8   y = video_clip2.h / 2   # 计算第2个视频画面中心点的y坐标
9   new_video2 = video_clip2.crop(width=640, height=720, x_center=x,
    y_center=y)   # 裁剪第2个视频的画面
10  final_clip = clips_array([[new_video1, new_video2]])   # 横向堆叠裁
    剪画面后的两个视频
11  final_clip.write_videofile('城市交通.mp4')   # 导出视频
```

◎ 代码解析

第 2～5 行代码先读取要堆叠的第 1 个视频"城市交通1.mp4",然后计算出其画面中心点的坐标,并根据该中心点坐标将画面尺寸裁剪为 640 像素 ×720 像素。

第 6～9 行代码先读取要堆叠的第 2 个视频"城市交通2.mp4",然后将其时长调整至与第 1 个视频相同,并采用相同的方式对画面进行裁剪。

第 10 行代码用于横向堆叠裁剪画面后的两个视频。

◎ 知识延伸

第 6 行代码中的 set_duration() 函数用于设置视频的时长,其常用语法格式如下,各参数的说明见表 7-2。

```
set_duration(t, change_end=True)
```

表 7-2

参数	说明
t	指定视频的时长，参数值有 4 种格式：① 秒，为一个浮点型数字，如 5.23；② 分和秒组成的元组，如 (2, 5.23)；③ 时、分、秒组成的元组，如 (1, 2, 5.23)；④ 用冒号分隔的时间字符串，如 '01:02:05.23'
change_end	默认值为 True，如果设置为 False，则会根据视频的时长和预设的结束时间修改视频的开始时间

◎ 运行结果

本案例的两个原视频与代码生成的左右分屏特效视频的播放效果对比如图 7-3 所示。

图 7-3

064　制作横向三分屏特效视频

◎ 代码文件：实例文件 \ 07 \ 064 \ 制作横向三分屏特效视频.ipynb
◎ 素材文件：实例文件 \ 07 \ 064 \ 蝴蝶1.mp4、蝴蝶2.mp4、蝴蝶3.mp4

◎ 应用场景

三分屏特效在短视频平台上非常流行，其又可细分为横向和竖向两类。本案例先讲解横向三分屏，它是指在水平方向上并排放置 3 个视频，一般适用于竖屏素材。本案例将使用 MoviePy 模块中的 CompositeVideoClip 类把 3 个竖屏素材合成为横向三分屏特效视频。

◎ 实现代码

```
1  from moviepy.editor import VideoFileClip, CompositeVideoClip  # 从MoviePy模块的editor子模块中导入VideoFileClip类和CompositeVideoClip类
2  from moviepy.video.fx.all import fadein  # 从MoviePy模块的video.fx.all子模块中导入fadein()函数
3  video_clip1 = VideoFileClip('蝴蝶1.mp4').resize(height=1080)  # 读取第1个视频,并调整画面尺寸
4  video_clip1 = fadein(video_clip1, duration=0.5)  # 为第1个视频添加淡入效果
5  video_clip2 = VideoFileClip('蝴蝶2.mp4').subclip(0, video_clip1.duration - 1).resize(height=1080)  # 读取第2个视频,截取片段并调整画面尺寸
6  video_clip2 = fadein(video_clip2, duration=0.5)  # 为第2个视频添加淡入效果
7  video_clip3 = VideoFileClip('蝴蝶3.mp4').subclip(0, video_clip1.duration - 2).resize(height=1080)  # 读取第3个视频,截取片段并调整画面尺寸
8  video_clip3 = fadein(video_clip3, duration=0.5)  # 为第3个视频添加淡入效果
9  new_video = CompositeVideoClip([video_clip1.set_position(('left', 'center')), video_clip2.set_position('center').set_start(1), video_clip3.set_position(('right', 'center')).set_start(2)], size=(1920, 1080))  # 叠加3个片段,并分别置于画面左、中、右的位置
10 new_video.write_videofile('蝴蝶.mp4', audio=False)  # 导出视频(不含音频)
```

◎ 代码解析

第3、4行代码用于读取第1个视频"蝴蝶1.mp4",将其帧高度调整为1080像素(帧宽度将自动计算),然后为其添加0.5秒的淡入效果。

第5、6行代码用于读取并剪辑第2个视频"蝴蝶2.mp4"。因为后续会指定第2个视频

从第 1 秒开始播放，为让 3 个视频的结束时间一致，所以这里从第 2 个视频中截取比第 1 个视频短 1 秒的片段，然后将片段的帧高度调整为 1080 像素（帧宽度将自动计算），并为片段添加 0.5 秒的淡入效果。

第 7、8 行代码用于读取并剪辑第 3 个视频"蝴蝶3.mp4"。因为后续会指定第 3 个视频从第 2 秒开始播放，为让 3 个视频的结束时间一致，所以这里从第 3 个视频中截取比第 1 个视频短 2 秒的片段，然后将片段的帧高度调整为 1080 像素（帧宽度将自动计算），并为片段添加 0.5 秒的淡入效果。

第 9 行代码用于将处理后的 3 个片段合成为一个新视频，并指定各片段在合成视频中的画面位置和开始播放时间：第 1 个片段位于画面左侧，从默认的第 0 秒开始播放；第 2 个片段位于画面中间，从第 1 秒开始播放；第 3 个片段位于画面右侧，从第 2 秒开始播放。合成视频的帧宽度为 1920 像素、帧高度为 1080 像素。

第 10 行代码用于导出合成的视频文件，并且不导出音频。

◎ 知识延伸

第 9 行代码中的 set_position() 函数用于在合成多个视频时设置其中某个视频在合成视频画面中的位置。该函数的常用语法格式如下，各参数的说明见表 7-3。

```
set_postition(pos, relative=False)
```

表 7-3

参数	说明
pos	指定视频的位置，常用的参数值表示方式有 3 种：① (x, y)，表示所叠加视频的左上角在合成视频画面中的坐标；② ('center', 'top')，表示水平居中、顶端对齐，类似的设置还有 'bottom'、'right'、'left' 等；③ (factorX, factorY)，表示基于合成视频的画面尺寸设置相对位置，其中 factorX 和 factorY 为 0～1 之间的浮点型数字，函数会将 factorX 和 factorY 分别乘以合成视频的帧宽度和帧高度得到相应的位置坐标
relative	指定参数 pos 的值是否表示相对位置。当参数 pos 按 (factorX, factorY) 的格式进行设置时，参数 relative 就要设置成 True。例如：set_position((0.2, 0.5), relative=True)，表示将视频设置在 20% 帧宽度、50% 帧高度的相对位置

◎ 运行结果

运行本案例的代码后，播放生成的视频文件"蝴蝶.mp4"，一开始画面中只有位于左侧的第 1 个片段，从第 2 秒开始画面中间出现第 2 个片段，从第 3 秒开始画面右侧出现第 3 个片段，如图 7-4 所示。

图 7-4

065 制作竖向三分屏特效视频

◎ 代码文件：实例文件 \ 07 \ 065 \ 制作竖向三分屏特效视频.ipynb
◎ 素材文件：实例文件 \ 07 \ 065 \ 瀑布.mp4

◎ 应用场景

案例 064 讲解了横向三分屏，本案例接着讲解竖向三分屏。竖向三分屏是指在垂直方向上并列放置 3 个视频，一般适用于横屏素材。本案例将使用 MoviePy 模块中的 clips_array() 函数把同一个横屏素材在垂直方向上重复堆叠 3 次，制作出竖向三分屏特效视频。

◎ 实现代码

```
1  from moviepy.editor import VideoFileClip, clips_array    # 从MoviePy
   模块的editor子模块中导入VideoFileClip类和clips_array()函数
2  video_clip = VideoFileClip('瀑布.mp4')    # 读取视频
3  new_video = clips_array([[video_clip]] * 3)    # 将视频纵向重复堆叠3次
4  new_video.write_videofile('瀑布1.mp4')    # 导出视频
```

◎ 代码解析

第3行代码用于将同一个视频纵向重复堆叠3次，其中利用了案例014介绍的"*"运算符快速复制列表元素。如果不使用"*"运算符，则这行代码要修改成如下形式：

```
1  new_video = clips_array([[video_clip], [video_clip], [video_clip]])
```

◎ 运行结果

本案例的原视频与代码生成的竖向三分屏特效视频的播放效果对比如图7-5所示。

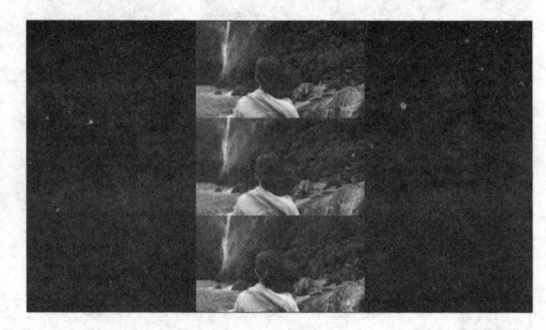

图 7-5

066 批量制作三分屏特效视频

◎ 代码文件：实例文件\07\066\批量制作三分屏特效视频.ipynb
◎ 素材文件：实例文件\07\066\海滨_处理前（文件夹）

◎ 应用场景

文件夹"海滨_处理前"中有多个MP4文件。本案例将通过构造循环，将这些视频批量制作成三分屏特效视频。

◎ 实现代码

```
1  from pathlib import Path    # 导入pathlib模块中的Path类
```

```python
from moviepy.editor import VideoFileClip, clips_array  # 从MoviePy
模块的editor子模块中导入VideoFileClip类和clips_array()函数
src_folder = Path('海滨_处理前')  # 指定来源文件夹的路径
des_folder = Path('海滨_处理后')  # 指定目标文件夹的路径
if not des_folder.exists():  # 如果目标文件夹不存在
    des_folder.mkdir(parents=True)  # 则创建目标文件夹
for i in src_folder.glob('*.mp4'):  # 遍历来源文件夹中的MP4文件
    video_clip = VideoFileClip(str(i)).resize(newsize=0.5)  # 读取视频，并将画面尺寸缩小为原来的50%
    final_clip = clips_array([[video_clip]] * 3)  # 纵向重复堆叠视频
    new_file = des_folder / i.name  # 构造导出视频的路径
    final_clip.write_videofile(str(new_file))  # 导出视频
```

◎ **代码解析**

第9行代码用于重复堆叠视频。因为本案例的素材视频是横屏的，所以这里进行了纵向重复堆叠。读者可根据实际需求修改堆叠的方向和次数。

其余代码的含义与前面的批量处理案例类似，这里不再赘述。

◎ **运行结果**

运行本案例的代码后，来源文件夹和目标文件夹下视频的缩略图效果对比如图7-6所示。

图 7-6

067 制作相同内容的四分屏特效视频

◎ 代码文件：实例文件＼07＼067＼制作相同内容的四分屏特效视频.ipynb
◎ 素材文件：实例文件＼07＼067＼猫咪.mp4

◎ 应用场景

四分屏特效是指把整个视频画面均分成 4 个部分，分别播放相同或不同的内容。本案例先讲解如何制作相同内容的四分屏特效视频。

◎ 实现代码

```python
from moviepy.editor import VideoFileClip, clips_array  # 从MoviePy模块的editor子模块中导入VideoFileClip类和clips_array()函数
video_clip = VideoFileClip('猫咪.mp4').resize(newsize=0.5)  # 读取视频，并将画面尺寸缩小为原来的50%
final_video = clips_array([[video_clip] * 2] * 2)  # 按2×2的方式堆叠视频
final_video.write_videofile('猫咪1.mp4')  # 导出视频
```

◎ 代码解析

第 2 行代码用于读取视频并调整画面尺寸。因为每个素材画面占合成视频画面的四分之一，所以要将素材画面尺寸缩小为原来的 50%。

第 3 行代码用于将调整后的视频按照 2×2 的方式堆叠在一起，其中利用了案例 014 介绍的 "*" 运算符快速复制列表元素。如果不使用 "*" 运算符，则这行代码要修改成如下形式：

```python
final_video = clips_array([[video_clip, video_clip], [video_clip, video_clip]])
```

◎ 运行结果

本案例的原视频与代码生成的四分屏特效视频的播放效果对比如图 7-7 所示。

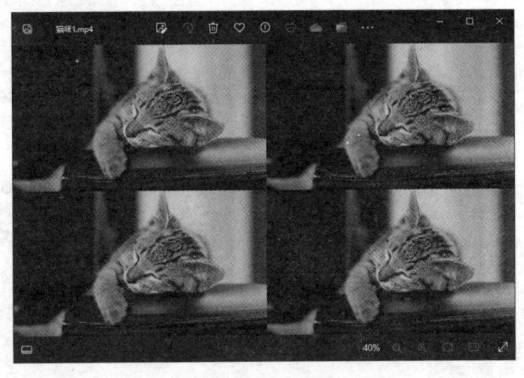

图 7-7

068 制作不同内容的四分屏特效视频

◎ 代码文件：实例文件＼07＼068＼制作不同内容的四分屏特效视频.ipynb
◎ 素材文件：实例文件＼07＼068＼01.mp4、02.mp4、03.mp4、04.mp4

◎ 应用场景

分屏特效可以在同一个画面中展示更多的内容，常用于网店商品展示。本案例将使用MoviePy模块中的clips_array()函数把4段商品展示视频堆叠在一个画面中，制作出不同内容的四分屏特效视频。

◎ 实现代码

```
1  from moviepy.editor import VideoFileClip, clips_array  # 从MoviePy模块的editor子模块中导入VideoFileClip类和clips_array()函数
2  video_clip1 = VideoFileClip('01.mp4').subclip(0, 10)  # 读取第1个视频，并截取片段
3  video_clip2 = VideoFileClip('02.mp4').subclip(0, 10)  # 读取第2个视频，并截取片段
4  video_clip3 = VideoFileClip('03.mp4').subclip(0, 10)  # 读取第3个视
```

```
         频，并截取片段
5    video_clip4 = VideoFileClip('04.mp4').subclip(0, 10)   # 读取第4个视
         频，并截取片段
6    new_clip = clips_array([[video_clip1, video_clip2], [video_clip3,
     video_clip4]]).resize(newsize=0.5)   # 按2×2的方式堆叠视频，并缩小画
     面尺寸
7    new_clip.write_videofile('无人机展示.mp4')   # 导出视频
```

◎ 代码解析

第 2～5 行代码用于依次读取 4 个视频，并在每个视频中截取前 10 秒的片段。

第 6 行代码用于将 4 个片段按照 2×2 的方式堆叠在一起，然后将合成视频的画面尺寸缩小为原来的 50%。大列表中有两个小列表，代表画面中要显示上下两行子画面。每个小列表包含两个片段，分别代表上面一行显示的子画面（第 1、2 个片段）和下面一行显示的子画面（第 3、4 个片段）。读者可根据实际需求修改视频的堆叠方式。

◎ 运行结果

4 个素材视频的缩略图效果如图 7-8 所示。运行本案例的代码后，播放生成的视频"无人机展示.mp4"，可看到这 4 个视频同步播放的画面效果，如图 7-9 所示。

图 7-8

图 7-9

069　叠加视频模拟画中画效果

◎ 代码文件：实例文件 \ 07 \ 069 \ 叠加视频模拟画中画效果.ipynb
◎ 素材文件：实例文件 \ 07 \ 069 \ 品茗看书.mp4、茶具.mp4

◎ 应用场景

画中画效果是指在播放主视频的同时以悬浮小窗口的形式播放子视频。本案例将结合使用 MoviePy 模块中的 CompositeVideoClip 类和 set_position() 函数制作画中画效果。

◎ 实现代码

```
1  from moviepy.editor import VideoFileClip, CompositeVideoClip  # 从MoviePy模块的editor子模块中导入VideoFileClip类和CompositeVideoClip类
2  video_clip1 = VideoFileClip('品茗看书.mp4')  # 读取主画面视频
3  video_clip2 = VideoFileClip('茶具.mp4').subclip(0, video_clip1.duration).resize(newsize=0.35).margin(left=3, right=3, top=40, bottom=40)  # 读取子画面视频，截取片段，缩小画面尺寸，并添加边框
4  final_clip = CompositeVideoClip([video_clip1, video_clip2.set_position(('right', 'bottom'))])  # 叠加两个视频，并设置子画面位置
5  final_clip.write_videofile('品茗看书_画中画.mp4', audio=False)  # 导出视频（不含音频）
```

◎ 代码解析

第 2 行代码用于读取作为主画面的视频"品茗看书.mp4"。

第 3 行代码用于读取作为子画面的视频"茶具.mp4"，从中截取与主画面视频时长相同的片段，再将其画面尺寸缩小为原来的 35%，并为画面添加边框。其中，左、右边框的粗细值为 3 像素，上、下边框的粗细值为 40 像素，边框颜色为默认的黑色。读者可根据实际需求修改边框的粗细值和颜色。

第 4 行代码用于叠加两个视频，并将子画面放置在主画面的右下角。

◎ **知识延伸**

因为子画面应叠加在主画面上方，所以传入 CompositeVideoClip 类的列表中，主画面应在前，子画面应在后。此外，如果不设置子画面的位置，则子画面默认位于主画面的左上角。

◎ **运行结果**

本案例的两个原视频与代码生成的画中画特效视频的播放效果对比如图 7-10 所示。

图 7-10

070　将视频画面转换为手绘风格

◎ 代码文件：实例文件\07\070\将视频画面转换为手绘风格.ipynb
◎ 素材文件：实例文件\07\070\复活节彩蛋.mp4

◎ **应用场景**

手绘风格的画面能为短视频作品增添新鲜感和趣味性。使用 MoviePy 模块中的 painting() 函数可以快速制作手绘风格的视频。

◎ **实现代码**

```
1  from moviepy.editor import VideoFileClip    # 从MoviePy模块的editor子模块中导入VideoFileClip类
2  from moviepy.video.fx.all import painting   # 从MoviePy模块的video.fx.all子模块中导入painting()函数
3  video_clip = VideoFileClip('复活节彩蛋.mp4')    # 读取视频
```

```
4    new_video = painting(video_clip, saturation=1.2, black=0.025)    # 将
     视频画面转换为手绘风格
5    new_video.write_videofile('复活节彩蛋_手绘效果.mp4')    # 导出视频
```

◎ **代码解析**

第 2 行代码用于从 MoviePy 模块的 video.fx.all 子模块中导入 painting() 函数。

第 4 行代码用于将视频"复活节彩蛋.mp4"的画面转换为手绘风格。

◎ **知识延伸**

painting() 函数可以将视频帧的图像转换成像用画笔绘制出来的效果。该函数的常用语法格式如下，各参数的说明见表 7-4。

```
painting(clip, saturation=1.4, black=0.006)
```

表 7-4

参数	说明
clip	指定要处理的视频文件
saturation	指定手绘效果的颜色饱和度，参数值越大，颜色饱和度越高，画面越亮
black	指定手绘效果的黑色线条的数量，参数值越大，黑色线条数量就越多

◎ **运行结果**

本案例的原视频与代码生成的手绘风格视频的播放效果对比如图 7-11 所示。

图 7-11

071 批量为多个视频添加录制框特效

◎ 代码文件：实例文件\07\071\批量为多个视频添加录制框特效.ipynb
◎ 素材文件：实例文件\07\071\录制框.mp4、猫咪_处理前（文件夹）

◎ 应用场景

录制框特效是指将录制框素材以遮罩的方式叠加在视频主体内容的上方，这样可以模拟出实时拍摄的临场氛围，让观众觉得自己就是视频的拍摄者，从而增加观众的代入感。文件夹"猫咪_处理前"中有多个 MP4 文件，本案例将通过构造循环，批量为这些视频添加录制框特效。

◎ 实现代码

```
1   from pathlib import Path    # 导入pathlib模块中的Path类
2   from moviepy.editor import VideoFileClip, CompositeVideoClip    # 从MoviePy模块的editor子模块中导入VideoFileClip类和CompositeVideoClip类
3   from moviepy.video.fx.all import mask_color    # 从MoviePy模块的video.fx.all子模块中导入mask_color()函数
4   src_folder = Path('猫咪_处理前')    # 指定来源文件夹的路径
5   des_folder = Path('猫咪_处理后')    # 指定目标文件夹的路径
6   if not des_folder.exists():    # 如果目标文件夹不存在
7       des_folder.mkdir(parents=True)    # 则创建目标文件夹
8   for i in src_folder.glob('*.mp4'):    # 遍历来源文件夹中的MP4文件
9       video_clip = VideoFileClip(str(i))    # 读取作为主体的视频
10      record_video = VideoFileClip('录制框.mp4', audio=False).loop(duration=video_clip.duration)    # 读取录制框视频（舍弃音频），并通过重复播放的方式使其时长变为与主体视频的时长相同
11      masked_video = mask_color(record_video, color=(0, 0, 0), thr=100)    # 将录制框视频转换为遮罩视频
```

```
12      new_video = CompositeVideoClip([video_clip, masked_video])   # 叠
        加主体视频和遮罩视频
13      new_file = des_folder / i.name   # 构造导出视频的路径
14      new_video.write_videofile(str(new_file))   # 导出视频
```

◎ 代码解析

第 9 行代码用于读取遍历到的 MP4 文件，作为主体视频。

第 10 行代码用于读取录制框视频，舍弃其中的音频，然后通过重复播放的方式使其时长变为与主体视频的时长相同。

第 11 行代码用于将处理后的录制框视频转换为遮罩视频。

第 12 行代码用于将遮罩视频叠加到主体视频上方。

其余代码的含义与前面的批量处理案例类似，这里不再赘述。

◎ 知识延伸

（1）第 10 行代码中的 loop() 函数用于按照指定的次数循环播放视频，其常用语法格式如下，各参数的说明见表 7-5。

```
loop(n=None, duration=None)
```

表 7-5

参数	说明
n	指定视频的循环播放次数
duration	指定视频循环播放后的总时长。n 和 duration 只需要设置一个

（2）第 11 行代码中的 mask_color() 函数用于对视频进行变换并返回一个新剪辑，该剪辑具有透明度蒙版，可作为遮罩使用。将遮罩与其他视频合成时，根据遮罩的透明度决定其他视频的显示效果。该函数的常用语法格式如下，各参数的说明见表 7-6。

```
mask_color(clip, color=None, thr=0)
```

表 7-6

参数	说明
clip	指定要处理的视频文件
color	指定视频中要转换为透明度蒙版的颜色
thr	用于控制蒙版选取颜色的范围大小，值越大，选取的颜色范围就越广泛

◎ 运行结果

运行本案例的代码后，播放目标文件夹下的任意一个视频文件，即可看到在视频画面上叠加的录制框特效。图 7-12 所示为"01.mp4"和"02.mp4"的播放效果。

图 7-12

第 8 章

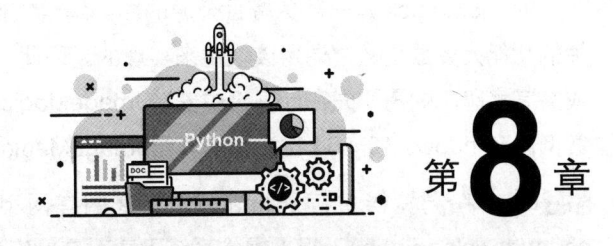

字幕和水印的添加

字幕的主要作用是增加画面的信息量,帮助受众更好地理解视频内容。水印的主要作用是声明作品的著作权,避免作品被盗用。经过精心设计的字幕和水印还能增添作品的艺术性和趣味性。本章将讲解如何通过编写 Python 代码高效地为视频添加字幕和水印。

072 安装和配置 ImageMagick

ImageMagick 是一款免费且开源的图片编辑软件，MoviePy 模块中与字幕或文字水印相关的功能大多数是通过调用该软件来实现的。因此，若要使用 MoviePy 模块给视频添加字幕或文字水印，就需要先在计算机中安装 ImageMagick。ImageMagick 支持多种操作系统，本案例以 Windows 10（64 位）为例介绍 ImageMagick 的安装和配置。

步骤01 ❶在浏览器中打开 ImageMagick 的官网下载页面（https://www.imagemagick.org/script/download.php），根据操作系统下载对应的安装包，❷这里选择适用于 64 位 Windows 的安装包，如图 8-1 所示。

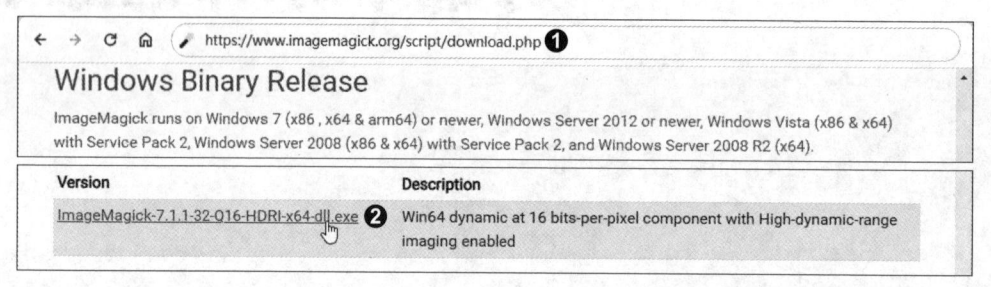

图 8-1

步骤02 安装包下载完毕后，双击安装包，在"License Agreement"界面中单击"I accept the agreement"单选按钮，同意协议，然后单击"Next"按钮，进入"Information"界面，直接单击"Next"按钮。

步骤03 进入"Select Destination Location"界面，建议使用默认安装路径，直接单击"Next"按钮，如图 8-2 所示。如果想要改变安装路径，可单击"Browse"按钮，在打开的对话框中选择安装路径。设置的安装路径要记住，在后面的操作中会用到。

步骤04 在接下来的"Select Start Menu Folder"和"Select Additional Tasks"界面中均保留默认设置，直接单击"Next"按钮，进入"Ready to Install"界面，单击"Install"按钮。随后会开始安装 ImageMagick，界面中会显示安装进度。

步骤05 待安装进度显示结束后，单击"Next"按钮，进入最终界面。❶取消勾选"View index.html"复选框，❷单击"Finish"按钮，如图 8-3 所示。这样就完成了 ImageMagick 的安装。

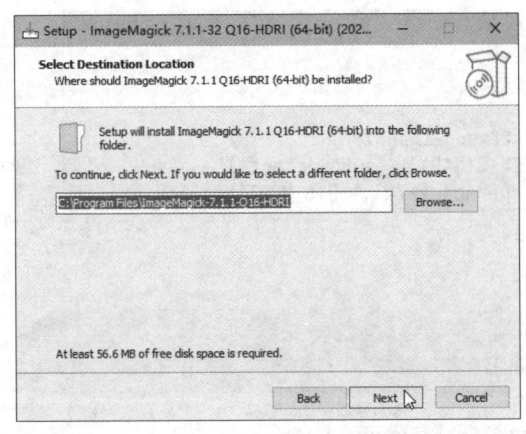

图 8-2 　　　　　　　　　　　　　　　图 8-3

步骤06 接下来需要修改 MoviePy 模块的配置文件，让 MoviePy 模块能够找到 ImageMagick 软件的位置。根据步骤 03 设置的安装路径，找到 ImageMagick 的可执行程序"magick.exe"的存储位置，如图 8-4 所示。

步骤07 进入 MoviePy 模块的安装路径，找到配置环境变量的文件"config_defaults.py"，如图 8-5 所示。如果不知道 MoviePy 模块的安装路径，可在命令行窗口中执行命令"pip show moviepy"，返回的结果中"Location"后的内容就是 MoviePy 模块的安装路径。

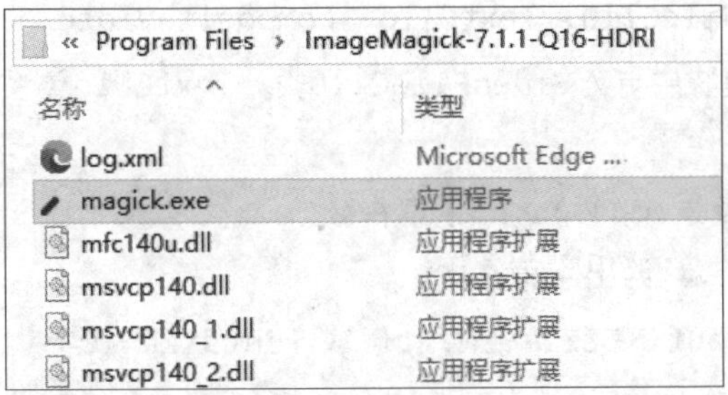

图 8-4 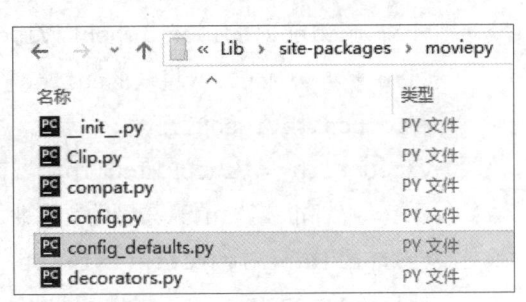　　　　　　　　　　　　　　　图 8-5

步骤08 用"记事本"等文本编辑器打开配置文件"config_defaults.py"，注释掉最后一行代码，然后在下一行中输入如图 8-6 所示的代码，其中引号内的内容为可执行程序"magick.exe"的文件路径。更改代码后保存并关闭文件，即可使用 MoviePy 模块为视频添加字幕或文字水印了。

```
config_defaults.py - 记事本                                    —  □  ×
文件(F)  编辑(E)  格式(O)  查看(V)  帮助(H)
import os

FFMPEG_BINARY = os.getenv('FFMPEG_BINARY', 'ffmpeg-imageio')
# IMAGEMAGICK_BINARY = os.getenv('IMAGEMAGICK_BINARY', 'auto-detect')
IMAGEMAGICK_BINARY = 'C:\\Program Files\\ImageMagick-7.1.1-Q16-HDRI\\magick.exe'
```

图 8-6

073 为视频添加标题字幕

◎ 代码文件：实例文件 \ 08 \ 073 \ 为视频添加标题字幕.ipynb
◎ 素材文件：实例文件 \ 08 \ 073 \ 城市夜景.mp4

◎ 应用场景

标题字幕通常出现在片头，用于说明作品的主题。使用 MoviePy 模块中的 TextClip 类可以为视频添加标题字幕。

◎ 实现代码

```
1  from moviepy.editor import VideoFileClip, TextClip, CompositeVideoClip   # 从MoviePy模块的editor子模块中导入VideoFileClip类、TextClip类和CompositeVideoClip类
2  video_clip = VideoFileClip('城市夜景.mp4')   # 读取视频
3  txt = '都市夜韵\n 光与影的交响曲 '   # 给出字幕文本
4  text_clip = TextClip(txt=txt, font='FZZiYYJW.ttf', fontsize=100, color='#9370db', bg_color='#e6e6fa', stroke_color='white', stroke_width=3)   # 创建文本剪辑
5  text_clip = text_clip.set_position('center').set_duration(3)   # 设置文本剪辑的位置和时长
6  new_video = CompositeVideoClip([video_clip, text_clip])   # 将文本剪辑叠加到视频上
```

```
7   new_video.write_videofile('城市夜景1.mp4')    # 导出视频
```

◎ 代码解析

第 2 行代码用于读取要添加标题字幕的视频"城市夜景.mp4"。

第 3 行代码用于给出字幕文本,其中使用转义字符"\n"(参见案例 006)将文本分成两行。此外,在第 2 行文本的开头和末尾各有 1 个空格,这是为了让生成的字幕中文本与背景色块边缘有一定的间距。

第 4 行代码用于创建文本剪辑。文本剪辑的内容为第 3 行代码定义的变量 txt,字体为"FZZiYYJW.ttf"(方正字悦圆简体),字号为 100 磅,字体颜色为中等紫色,背景颜色为淡紫色,字体描边颜色为白色,描边粗细为 3 像素。读者可根据实际需求修改文本剪辑的内容和格式。

第 5 行代码用于设置文本剪辑在合成视频中的位置和时长,其中的 'center' 表示让文本剪辑显示在画面中心,3 表示让文本剪辑显示 3 秒。读者可根据实际需求修改位置和时长。

第 6 行代码用于将文本剪辑叠加到视频上,完成标题字幕的添加。

◎ 知识延伸

第 4 行代码中的 TextClip 类用于生成文本内容的视频对象,其常用语法格式如下,各参数的说明见表 8-1。

```
TextClip(txt=None, filename=None, font='Courier', fontsize=None,
color='black', bg_color='transparent', stroke_color=None, stroke_
width=1, kerning=None, align='center')
```

表 8-1

参数	说明
txt	指定一个字符串作为字幕的文本内容。可与参数 filename 互换,如果二者同时存在,则优先选择参数 txt
filename	指定一个文本文件的路径,读取该文件的内容作为字幕的文本内容
font	指定文本的字体,参数值常设置为字体文件的路径。需要注意的是,字体文件必须与代码文件位于同一文件夹下,且文件名只能使用英文字符

续表

参数	说明
fontsize	指定文本的字号（单位：磅）
color	指定文本的字体颜色，参数值的格式有 3 种：① 表示特定颜色名称的字符串，如 'black'、'red'、'yellow'，详见 https://imagemagick.org/script/color.php#color_names；② 表示 RGB 颜色的字符串，如 'rgb(178, 58, 238)'；③ 表示十六进制颜色的字符串（不区分大小写），如 '#B23AEE' 或 '#b23aee'
bg_color	指定文本的背景颜色，参数值的格式同参数 color
stroke_color	指定文本的描边颜色，参数值的格式同参数 color。省略或设置为 None 时表示不描边
stroke_width	指定文本的描边粗细（单位：像素），默认值为 1。可设置为浮点型数字，数值越大，描边就越粗
kerning	指定文本字间距的调整量。设置为正数时字间距增大，设置为负数时字间距减小
align	指定文本的对齐方式，可取的参数值有 'center'（居中对齐，默认值）、'East'（右对齐）、'West'（左对齐）、'South'（顶对齐）、'North'（底对齐）

◎ 运行结果

本案例的原视频与代码生成的带标题字幕视频的播放效果对比如图 8-7 所示。

图 8-7

074　为标题字幕添加半透明背景

◎ 代码文件：实例文件 \ 08 \ 074 \ 为标题字幕添加半透明背景.ipynb
◎ 素材文件：实例文件 \ 08 \ 074 \ 度假村.mp4

◎ 应用场景

使用 TextClip 类的 bg_color 参数设置字幕文本的背景颜色时，不能调整颜色的不透明度。如果想让字幕带有半透明的背景颜色，可先用 ColorClip 类创建颜色剪辑，再用 set_opacity() 函数调整颜色剪辑的不透明度，然后将颜色剪辑置于字幕下方。

◎ 实现代码

```
1  from moviepy.editor import VideoFileClip, ColorClip, TextClip, CompositeVideoClip  # 从MoviePy模块的editor子模块中导入VideoFileClip类、ColorClip类、TextClip类和CompositeVideoClip类
2  video_clip = VideoFileClip('度假村.mp4')  # 读取视频
3  color_clip = ColorClip(size=(700, 240), color=(255, 255, 255), duration=3)  # 创建颜色剪辑
4  color_clip = color_clip.set_opacity(0.65).set_position(('center'))  # 设置颜色剪辑的不透明度和显示位置
5  text_clip = TextClip(txt='最美小众海岛\n查收浪漫的夏天', font='FZHZGB.ttf', fontsize=80, color='#1793f3', kerning=8)  # 创建标题字幕
6  text_clip = text_clip.set_position(('center')).set_duration(3)  # 设置标题字幕的位置和时长
7  final_clip = CompositeVideoClip([video_clip, color_clip, text_clip])  # 将颜色剪辑和标题字幕合成到视频中
8  final_clip.write_videofile('度假村1.mp4')  # 导出视频
```

◎ 代码解析

第 3 行代码用于创建颜色剪辑,剪辑的宽度和高度分别为 700 像素和 240 像素,颜色为白色,持续显示 3 秒。

第 4 行代码用于设置颜色剪辑的不透明度为 65%,显示在画面中心。读者可根据实际需求修改不透明度和位置。

第 5 行代码用于创建标题字幕,各参数的含义见案例 073,这里不再赘述。

第 6 行代码用于设置标题字幕显示在画面中心,持续显示 3 秒。

第 7 行代码用于将颜色剪辑和标题字幕合成到视频中。

◎ 知识延伸

(1)第 3 行代码中的 ColorClip 类用于创建单一颜色的剪辑,其常用语法格式如下,各参数的说明见表 8-2。

```
ColorClip(size, color=None, ismask=False, duration=None)
```

表 8-2

参数	说明
size	指定剪辑的尺寸,参数值为一个由宽度值和高度值组成的双元素元组
color	指定剪辑的颜色。如果参数 ismask 设置为 False,则该参数要设置为一个代表 RGB 颜色的三元素元组,默认值为 (0, 0, 0),即黑色;如果 ismask 设置为 True,则该参数代表灰度值,参数值为一个 0~1 之间的浮点型数字
ismask	指定是否将剪辑作为遮罩
duration	指定剪辑的时长(单位:秒)

(2)第 4 行代码中的 set_opacity() 函数用于设置视频剪辑的不透明度。该函数只有一个参数 op,参数值通常为 0~1 之间的浮点型数字。参数值越小,视频剪辑看起来越透明,值为 0 表示完全透明,值为 1 则表示完全不透明。

◎ 运行结果

本案例的原视频与代码生成的带标题字幕视频的播放效果对比如图 8-8 所示,可以看到标题字幕带有半透明的背景颜色。

图 8-8

075 添加固定位置的字幕

◎ 代码文件：实例文件\08\075\添加固定位置的字幕.ipynb
◎ 素材文件：实例文件\08\075\橙子.mp4

◎ 应用场景

当需要对画面内容进行额外的解释说明时，可在画面中添加说明性字幕，以向观众传达更多信息。为避免字幕遮挡画面内容，需要让字幕显示在合适的固定位置上。

◎ 实现代码

```
1  from moviepy.editor import VideoFileClip, TextClip, CompositeVideo-
   Clip    # 从MoviePy模块的editor子模块中导入VideoFileClip类、TextClip
   类、CompositeVideoClip类
2  video_clip = VideoFileClip('橙子.mp4')    # 读取视频
3  txt1 = '''果冻橙，形状
4  圆润，大小适
5  中，表面光滑，
```

```
 6      皮薄易剥。'''    # 给出第1段字幕的内容
 7      text_clip1 = TextClip(txt=txt1, font='FZZJ-QNTJW.ttf', fontsize=
        64, color='#96c738', align='West')    # 创建第1段字幕
 8      text_clip1 = text_clip1.set_position((0.65, 0.08), relative=True)
        # 设置第1段字幕的显示位置
 9      text_clip1 = text_clip1.set_start(1).set_end(13)    # 设置第1段字幕开
        始显示和结束显示的时间
10      txt2 = '''果肉质地好似
11      果冻，细嫩化
12      渣，汁水丰富，
13      酸甜爽口。'''    # 给出第2段字幕的内容
14      text_clip2 = TextClip(txt=txt2, font='FZZJ-QNTJW.ttf', fontsize=
        64, color='#96c738', align='West')    # 创建第2段字幕
15      text_clip2 = text_clip2.set_position((0.06, 0.09), relative=True)
        # 设置第2段字幕的显示位置
16      text_clip2 = text_clip2.set_start(20).set_end(video_clip.duration -
        1)    # 设置第2段字幕开始显示和结束显示的时间
17      final_video = CompositeVideoClip([video_clip, text_clip1, text_
        clip2])    # 将两段字幕合成到视频中
18      final_video.write_videofile('橙子1.mp4')    # 导出视频
```

◎ **代码解析**

第 3～6 行代码用于给出第 1 段字幕的内容。

第 7 行代码用于创建第 1 段字幕，各参数的含义见案例 073，这里不再赘述。

第 8 行代码用于设置第 1 段字幕在画面中的位置。这里设置的是以画面左上角为原点，在帧宽度的 65%、帧高度的 8% 处的相对位置。

第 9 行代码用于设置第 1 段字幕从第 1 秒开始显示，在第 13 秒结束显示。

第 10～16 行代码用于创建和设置第 2 段字幕，其含义与第 1 段字幕的相关代码类似，

这里不再赘述。

第 17、18 行代码用于将字幕合成到视频中并导出视频。

◎ **知识延伸**

（1）本案例的代码在给出字幕内容时使用三引号来定义多行字符串，相关知识见案例 006，这里不再赘述。

（2）设置字幕显示位置时使用的 set_position() 函数的语法格式在案例 064 介绍过，这里不再赘述。

◎ **运行结果**

运行本案例的代码后，播放生成的视频文件"橙子1.mp4"，可在指定的时间点看到画面中固定位置显示的字幕，如图 8-9 所示。

图 8-9

076 添加随机位置的字幕

◎ 代码文件：实例文件 \ 08 \ 076 \ 添加随机位置的字幕.ipynb
◎ 素材文件：实例文件 \ 08 \ 076 \ 咖啡豆.mp4

◎ **应用场景**

如果要让字幕显示在画面中的随机位置，可先设法生成随机数，再使用这些随机数作为字幕的位置坐标。本案例将使用 Python 内置的 random 模块中的 randint() 函数生成随机数。

◎ 实现代码

```
1   from moviepy.editor import VideoFileClip, TextClip, CompositeVideo-
    Clip  # 从MoviePy模块的editor子模块中导入VideoFileClip类、TextClip类
    和CompositeVideoClip类
2   from random import randint   # 导入random模块中的randint()函数
3   video_clip = VideoFileClip('咖啡豆.mp4')   # 读取视频
4   text_clip = TextClip(txt='精选咖啡豆\n 均匀·饱满·油亮 ', fontsize=
    100, font='FZZiYYJW.ttf', color='#401200', bg_color='#a98431',
    stroke_color='white', stroke_width=3)   # 创建字幕
5   text_clip = text_clip.set_position((randint(240, 1000), randint
    (100, 720)))   # 设置字幕的显示位置
6   text_clip = text_clip.set_start(3).set_end(8)   # 设置字幕开始显示和
    结束显示的时间
7   final_video = CompositeVideoClip([video_clip, text_clip])   # 将字幕
    合成到视频中
8   final_video.write_videofile('咖啡豆1.mp4')   # 导出视频
```

◎ 代码解析

第 2 行代码用于导入 random 模块中的 randint() 函数。

第 4 行代码用于创建标题字幕，各参数的含义见案例 073，这里不再赘述。

第 5 行代码用于设置字幕剪辑的左上角在画面中的位置坐标。其中，x 坐标是一个位于 240～1000 范围内的随机整数，y 坐标是一个位于 100～720 范围内的随机整数。

第 6 行代码用于设置字幕从第 3 秒开始显示，在第 8 秒结束显示。

第 7、8 行代码用于将字幕合成到视频中并导出视频。

◎ 知识延伸

第 5 行代码中的 randint() 函数用于生成一个指定范围内的随机整数，其常用语法格式如下，生成的随机整数会大于或等于参数 a 的值，且小于或等于参数 b 的值。

```
randint(a, b)
```

为了避免字幕离画面边缘太近或超出画面,要根据画面尺寸对随机整数的范围进行一定的限制。

◎ 运行结果

运行两次本案例的代码,分别播放生成的视频文件"咖啡豆1.mp4",可以看到字幕的位置发生了变化,如图8-10所示。

图 8-10

077 制作渐现／渐隐字幕

◎ 代码文件:实例文件＼08＼077＼制作渐现／渐隐字幕.ipynb
◎ 素材文件:实例文件＼08＼077＼摩天大楼.mp4

◎ 应用场景

为了让字幕更自然地出现和消失,可通过添加叠化转场效果,制作渐现和渐隐的字幕。

◎ 实现代码

```
1  from moviepy.editor import VideoFileClip, TextClip, CompositeVideo-
```

```
       Clip      # 从MoviePy模块的editor子模块中导入VideoFileClip类、TextClip类
       和CompositeVideoClip类
2      video_clip = VideoFileClip('摩天大楼.mp4')    # 读取视频
3      txt = '''泰国·曼谷
4       盛泰澜中央世界
5      商业中心酒店'''    # 给出字幕的内容
6      text_clip = TextClip(txt=txt, fontsize=80, font='FZSuHJW.ttf',
       color='white', bg_color='#a51931')    # 创建字幕
7      text_clip = text_clip.set_position((1000, 600))    # 设置字幕的显示位置
8      text_clip = text_clip.set_start(3).set_end(7)    # 设置字幕开始显示和结
       束显示的时间
9      text_clip = text_clip.crossfadein(1).crossfadeout(1)    # 在字幕的开
       头和结尾添加叠化转场效果
10     final_video = CompositeVideoClip([video_clip, text_clip])    # 将字幕
       合成到视频中
11     final_video.write_videofile('摩天大楼1.mp4')    # 导出视频
```

◎ **代码解析**

第 3～5 行代码用于给出字幕的内容。

第 6 行代码用于创建标题字幕，各参数的含义见案例 073，这里不再赘述。

第 7 行代码用于设置字幕在画面中的显示位置。

第 8 行代码用于设置字幕从第 3 秒开始显示，在第 7 秒结束显示。

第 9 行代码用于在字幕的开头和结尾各添加时长 1 秒的叠化转场效果。

第 10、11 行代码用于将字幕合成到视频中并导出视频。

◎ **知识延伸**

第 9 行代码中的 crossfadein() 函数和 crossfadeout() 函数在案例 060 介绍过，这里不再赘述。

◎ 运行结果

运行本案例的代码后，播放生成的视频文件"摩天大楼1.mp4"，可看到字幕以交叉淡入的方式出现在画面中，然后以交叉淡出的方式从画面中消失，如图8-11所示。

图 8-11

078　制作镂空字幕

◎ 代码文件：实例文件 \ 08 \ 078 \ 制作镂空字幕.ipynb
◎ 素材文件：实例文件 \ 08 \ 078 \ 飞机上的风景.mp4

◎ 应用场景

镂空字幕是指字幕文本中填充的是视频画面的内容。这种字幕的制作原理是先创建一个白色文字、黑色背景的文本剪辑，然后将其转换为遮罩，再叠加到视频画面上。

◎ 实现代码

```
1  from moviepy.editor import VideoFileClip, TextClip, CompositeVideoClip  # 从MoviePy模块的editor子模块中导入VideoFileClip类、TextClip类和CompositeVideoClip类
2  video_clip = VideoFileClip('飞机上的风景.mp4')  # 读取视频
3  text_clip = TextClip(txt='TRAVEL', fontsize=400, font='FZSuHJW.ttf', color='white', bg_color='black', size=video_clip.size)  # 创建文本剪辑
```

```
4    text_clip = text_clip.to_mask()    # 将文本剪辑转换为遮罩
5    new_video1 = video_clip.set_mask(text_clip).subclip(0, 5)    # 将遮罩
     应用到视频画面，并截取前5秒的片段
6    new_video2 = video_clip.subclip(3).set_start(3).crossfadein(2)    # 从
     原视频第3秒开始截取片段，并设置开始播放时间和淡入效果
7    final_video = CompositeVideoClip([new_video1, new_video2])    # 合成
     两个片段
8    final_video.write_videofile('飞机上的风景1.mp4')    # 导出视频
```

◎ 代码解析

第2行代码用于读取要添加镂空字幕的视频。

第3行代码用于创建一个白色文字、黑色背景的文本剪辑，其画面尺寸与原视频相同。

第4行代码用于将第3行代码创建的文本剪辑转换为遮罩。

第5行代码用于将遮罩应用到原视频的画面上，并从中截取前5秒的片段。

第6行代码用于从原视频中截取第3秒到结尾的片段，设置该片段在合成视频中从第3秒开始播放，并添加时长2秒的淡入效果。

第7、8行代码用于合成两个片段并导出视频。

◎ 知识延伸

（1）第3行代码中使用TextClip类创建文本剪辑时，使用了一个前面没有介绍过的参数size。TextClip类默认根据字号等因素自动决定文本剪辑的尺寸，如果要指定文本剪辑的尺寸，就需要通过参数size来实现。该参数的值应为一个包含帧宽度和帧高度的元组或列表，这里使用了size属性获取原视频的帧宽度和帧高度。

（2）第4行代码中的to_mask()函数用于将文本剪辑转换为遮罩，该函数没有参数。

（3）第5行代码中的set_mask()函数用于将遮罩应用到视频画面上，该函数只有一个参数，即要应用的遮罩。

◎ 运行结果

运行本案例的代码后，播放生成的视频文件"飞机上的风景1.mp4"，将先看到镂空效果

的标题字幕"TRAVEL"，3秒后画面逐渐过渡到显示完整的内容，如图 8-12 所示。

图 8-12

079　制作叠加显示的滚动字幕

◎ 代码文件：实例文件\08\079\制作叠加显示的滚动字幕.ipynb
◎ 素材文件：实例文件\08\079\森林.mp4、字幕.txt

◎ 应用场景

滚动字幕通常用于在片尾显示演职人员表。本案例将先用 MoviePy 模块中的 credits1() 函数加载文本文件的内容生成字幕剪辑，再用 scroll() 函数让字幕剪辑由下向上滚动，得到滚动字幕，最后将滚动字幕叠加到视频画面上。

◎ 实现代码

```
1  from moviepy.editor import VideoFileClip, CompositeVideoClip    # 从
   MoviePy模块的editor子模块中导入VideoFileClip类和CompositeVideoClip类
2  from moviepy.video.tools.credits import credits1    # 从MoviePy模块的
   video.tools.credits子模块中导入credits1()函数
3  from moviepy.video.fx.all import scroll    # 从MoviePy模块的video.fx.
   all子模块中导入scroll()函数
4  video_clip = VideoFileClip('森林.mp4')    # 读取视频
5  credits = credits1('字幕.txt', width=960, color='white', font='FZX-
```

```
             H1JW.ttf', fontsize=50, stroke_color='white', gap=100)    # 读取文本
             文件并生成字幕剪辑
   6         credits = credits.set_duration(video_clip.duration)    # 设置字幕剪辑
             的时长
   7         scrolling = scroll(credits, h=video_clip.h, w=credits.w, x_speed=0,
             y_speed=100)    # 垂直滚动播放字幕剪辑
   8         scrolling = scrolling.set_position(('center'))    # 设置滚动字幕的显示
             位置
   9         final_video = CompositeVideoClip([video_clip, scrolling])    # 合成视
             频和滚动字幕
  10         final_video.write_videofile('森林1.mp4')    # 导出视频
```

◎ **代码解析**

第 2 行代码用于从 MoviePy 模块的 video.tools.credits 子模块中导入 credits1() 函数。

第 3 行代码用于从 MoviePy 模块的 video.fx.all 子模块中导入 scroll() 函数。

第 4 行代码用于读取要添加滚动字幕的视频。

第 5 行代码使用 credits1() 函数读取文本文件"字幕.txt"的内容并生成字幕剪辑。字幕剪辑的宽度为 960 像素，字体颜色为白色，字体为"FZXH1JW.ttf"（方正细黑一简体），字号的上限为 50 磅，描边颜色为白色，双栏排版信息（如职位名称和人员姓名）的栏间距为 100 像素。读者可按照"知识延伸"中的讲解修改 credits1() 函数的参数值。

credits1() 函数读取的文本文件的内容需按图 8-13 所示的固定格式书写。其中，以".."开头的行将排在左栏，其下方的行则排在右栏；".blank ×"用于插入空行，数字代表空行的数量。

第 6 行代码用于将字幕剪辑的时长设置为与要添加滚动字幕的视频相同的时长。

前面生成的字幕剪辑是静止的，第 7 行代码使用 scroll() 函数将静止的字幕剪辑转换为垂直滚动的视频。字幕滚动区域的高度为要添加滚动字幕的视频的帧高度，宽度为静止的字幕剪辑的宽度（即 credits1() 函数中参数 width 的值）。此外，水平滚动的速度为 0 像素 / 秒，垂直滚动的速度为 100 像素 / 秒，即只在垂直方向滚动，水平方向不滚动。读者可按照"知

识延伸"中的讲解修改 scroll() 函数的参数值。

第 8 行代码用于设置滚动字幕显示在视频画面的中心。

第 9、10 行代码用于将滚动字幕合成到视频中并导出视频。

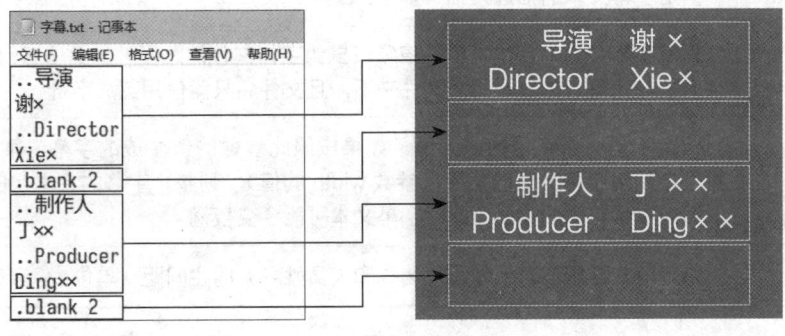

图 8-13

◎ 知识延伸

（1）第 5 行代码中的 credits1() 函数用于将特定格式的文本文件的内容转换为字幕剪辑，其常用语法格式如下，各参数的说明见表 8-3。

```
credits1(creditfile, width, color='white', stroke_color='black',
stroke_width=2, font='Impact-Normal', fontsize=60, gap=0)
```

表 8-3

参数	说明
creditfile	指定包含字幕内容的文本文件的路径，该文本文件的内容需按照图 8-13 所示的格式书写。在 Windows 下，该文本文件的编码格式需为 ANSI。可以利用"记事本"转换编码格式：执行"文件 > 另存为"菜单命令，打开"另存为"对话框，在"编码"下拉列表框中选择"ANSI"选项，即可将文本文件另存为 ANSI 编码格式
width	指定字幕剪辑的宽度（单位：像素）
color	指定字幕文本的字体颜色
stroke_color	指定字幕文本的描边颜色

续表

参数	说明
stroke_width	指定字幕文本的描边粗细（单位：像素）
font	指定字幕文本的字体，参数值常设置为字体文件的路径。需要注意的是，字体文件必须与代码文件位于同一文件夹下，且文件名只能使用英文字符
fontsize	指定字幕文本字号的最大值。如果按照此参数的值生成的字幕中某一行文本的宽度会超出字幕剪辑的宽度（参数 width 的值），则整个字幕的文本字体会被缩小，以适应字幕剪辑的宽度，此时字幕文本可能会变模糊
gap	指定双栏排版信息（如职位名称和人员姓名）的栏间距（单位：像素）

（2）第 7 行代码中的 scroll() 函数用于水平或垂直滚动播放视频的内容，其常用语法格式如下，各参数的说明见表 8-4。

```
scroll(clip, h=None, w=None, x_speed=0, y_speed=0)
```

表 8-4

参数	说明
clip	指定要转换为滚动播放效果的视频剪辑
h	指定滚动内容显示区域的高度（单位：像素）。如果设置的高度能一次性显示所有字幕内容，则字幕不会呈现滚动效果
w	指定滚动内容显示区域的宽度（单位：像素）。参数值需与 credits1() 函数中参数 width 的值一致，否则字幕内容会显示不完整
x_speed、y_speed	指定滚动的水平速度和垂直速度（单位：像素/秒）。参数值越大，滚动的速度越快

◎ 运行结果

运行本案例的代码后，播放生成的视频文件"森林1.mp4"，可看到从下往上滚动的演职人员表，如图 8-14 所示。

图 8-14

080 制作分屏显示的滚动字幕

◎ 代码文件：实例文件\08\080\制作分屏显示的滚动字幕.ipynb
◎ 素材文件：实例文件\08\080\片尾片段.mp4、片尾字幕.txt

◎ 应用场景

案例 079 制作的滚动字幕是叠加在视频画面上的。本案例则要制作分屏显示的滚动字幕，即将画面划分成两部分，分别显示片尾内容和滚动字幕。假设最终作品的画面尺寸是 1920 像素 ×1080 像素，对各部分内容的位置和尺寸（单位：像素）进行如图 8-15 所示的规划。

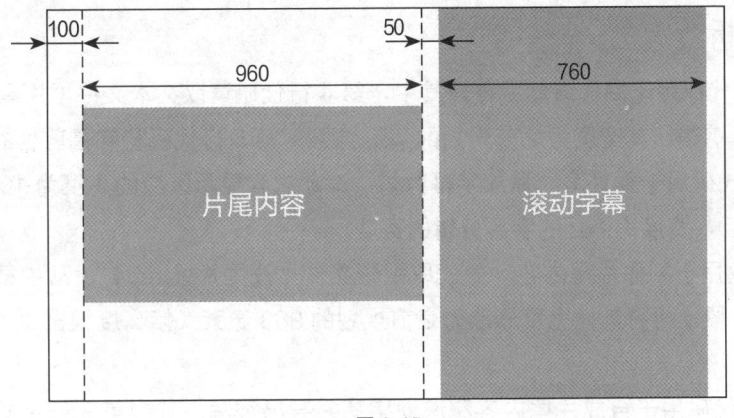

图 8-15

◎ 实现代码

```python
from moviepy.editor import VideoFileClip, CompositeVideoClip  # 从MoviePy模块的editor子模块中导入VideoFileClip类和CompositeVideoClip类
from moviepy.video.tools.credits import credits1  # 从MoviePy模块的video.tools.credits子模块中导入credits1()函数
from moviepy.video.fx.all import scroll  # 从MoviePy模块的video.fx.all子模块中导入scroll()函数
credits = credits1('片尾字幕.txt', width=760, color='white', font='FZDHTJW.ttf', fontsize=60, gap=70)  # 读取文本文件并生成字幕剪辑
credits = credits.set_duration(30)  # 设置字幕剪辑的时长
credits = scroll(credits, h=1080, w=credits.w, x_speed=0, y_speed=110)  # 垂直滚动播放字幕剪辑
left_clip = VideoFileClip('片尾片段.mp4').subclip(0, credits.duration).resize(width=960)  # 读取视频并剪辑成片尾内容
final_video = CompositeVideoClip([left_clip.set_position((100, 'center')), credits.set_position((1110, 'center'))], size=(1920, 1080))  # 合成片尾内容和滚动字幕
final_video.write_videofile('片尾片段1.mp4')  # 导出视频
```

◎ 代码解析

第4~6行代码用于制作滚动字幕。其中，第4行代码读取文本文件"片尾字幕.txt"的内容并生成字幕剪辑，其宽度为之前规划的760像素。第5行代码将字幕剪辑的时长设置为30秒。第6行代码用于垂直滚动播放字幕剪辑，滚动内容显示区域的高度为1080像素（最终作品的帧高度），宽度为静止的字幕剪辑的宽度。

第7行代码用于制作片尾内容。先读取视频文件"片尾片段.mp4"，从中截取与滚动字幕相同时长的片段，再将其帧宽度修改为之前规划的960像素（帧高度根据原始宽高比自动计算）。

第8、9行代码用于合成片尾内容和滚动字幕并导出视频。其中第8行代码在合成视频

时按照之前的规划设置了片尾内容和滚动字幕的画面位置，以及最终作品的画面尺寸。

◎ 运行结果

运行本案例的代码后，播放生成的视频文件"片尾片段1.mp4"，可看到原视频"片尾片段.mp4"被缩小后放置于画面左侧播放，画面右侧则为滚动字幕，如图8-16所示。

图 8-16

081　为视频添加旁白字幕

◎ 代码文件：实例文件＼08＼081＼为视频添加旁白字幕.ipynb
◎ 素材文件：实例文件＼08＼081＼咖啡.mp4、字幕.srt

◎ 应用场景

为带有旁白语音的视频添加与语音同步的旁白字幕，可以为观众带来便利，从而提升观看体验。使用 MoviePy 模块中的 SubtitlesClip 类即可制作旁白字幕。

◎ 实现代码

```
1  from moviepy.editor import VideoFileClip, TextClip, CompositeVideoClip  # 从MoviePy模块的editor子模块中导入VideoFileClip类、TextClip类和CompositeVideoClip类
```

```
2    from moviepy.video.tools.subtitles import SubtitlesClip   # 从MoviePy
     模块的video.tools.subtitles子模块中导入SubtitlesClip类
3    video_clip = VideoFileClip('咖啡.mp4')   # 读取视频
4    def generator(txt):   # 定义字幕生成器
5        return TextClip(txt=txt, font='FZKTJW.ttf', fontsize=80, color=
         'white', kerning=4)
6    subtitle = SubtitlesClip('字幕.srt', make_textclip=generator)   # 从
     SRT文件中读取字幕信息并生成字幕
7    subtitle = subtitle.set_position(('center', 960))   # 设置字幕的显示
     位置
8    final_video = CompositeVideoClip([video_clip, subtitle])   # 合成视
     频和字幕
9    final_video.write_videofile('咖啡1.mp4')   # 导出视频
```

◎ 代码解析

第 3 行代码用于读取要添加旁白字幕的视频文件"咖啡.mp4"。

第 4、5 行代码用于定义一个 generator() 函数，作为字幕生成器。在该函数中需要调用 TextClip 类来创建字幕剪辑，并将此字幕剪辑作为函数的返回值。

第 6 行代码用于将 SRT 文件"字幕.srt"中的字幕信息依次传入字幕生成器 generator() 函数中去生成字幕。

第 7 行代码用于将字幕放置在画面底部居中的位置。

第 8、9 行代码用于合成视频和字幕并导出视频。

◎ 知识延伸

（1）第 6 行代码中的 SubtitlesClip 类可基于 SRT 文件创建字幕剪辑，其常用语法格式如下，各参数的说明见表 8-5。

```
SubtitlesClip(subtitles, make_textclip=None)
```

表 8-5

参数	说明
subtitles	指定包含字幕信息的 SRT 文件的路径
make_textclip	指定一个函数作为字幕生成器

（2）SRT 文件本质上是一个文本文件，其包含多条字幕的信息。每一条字幕的信息由 4 个基本部分组成（见图 8-17）：第 1 部分是字幕的序号，一般是按顺序增加的；第 2 部分是字幕开始显示和结束显示的时间，精确到毫秒；第 3 部分是字幕的内容；第 4 部分是一个空行，表示本条字幕的结束。

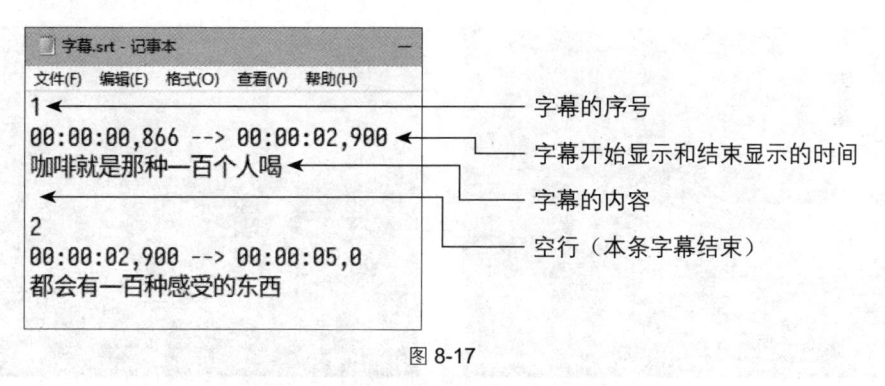

图 8-17

（3）有一些软件可以自动识别视频中的语音并生成相应的 SRT 文件。以剪映专业版（版本号 5.9.0）为例，导入要识别语音的视频并将其拖动到时间轴上，然后使用界面左上角"文本 > 智能字幕"中的"识别字幕"功能（见图 8-18），即可将语音转换成字幕轨道，之后将字幕轨道导出为 SRT 文件即可（见图 8-19）。

图 8-18

图 8-19

如果视频的音频是演唱歌曲的语音，则需要使用"文本 > 智能字幕"中的"识别歌词"功能来生成 SRT 文件。此功能目前支持中文和英文两种语言。

SubtitlesClip 类只支持 ANSI 编码格式的 SRT 文件，因此，还需要对剪映生成的 SRT 文件进行编码格式的转换。用"记事本"打开文件，执行"文件 > 另存为"菜单命令，打开"另存为"对话框，在"编码"下拉列表框中选择"ANSI"选项，即可将文件另存为 ANSI 编码格式。

◎ 运行结果

运行本案例的代码后，播放生成的视频文件"咖啡1.mp4"，可在画面底部看到与旁白语音同步显示的字幕，如图 8-20 所示。

图 8-20

082　为视频添加文字水印

◎ 代码文件：实例文件＼08＼082＼为视频添加文字水印.ipynb
◎ 素材文件：实例文件＼08＼082＼扫地机器人.mp4

◎ 应用场景

水印的主要作用是声明作品的著作权，在一定程度上避免作品被盗用。水印分为文字水印和图片水印两种。本案例先讲解如何通过编写 Python 代码为视频添加文字水印，其基本原理是先用 TextClip 类创建文本剪辑，再将文本剪辑叠加到视频上。

◎ 实现代码

```
1  from moviepy.editor import VideoFileClip, TextClip, CompositeVideoClip   # 从MoviePy模块的editor子模块中导入VideoFileClip类、TextClip类和CompositeVideoClip类
2  video_clip = VideoFileClip('扫地机器人.mp4')   # 读取视频
3  text_clip = TextClip(txt='生活电器旗舰店', fontsize=100, font='FZBENMYYTJW.ttf', color='white', bg_color='#a51931', kerning=-3)   # 创建文本剪辑
4  text_clip = text_clip.set_opacity(0.85).set_position((43, 34)).set_duration(video_clip.duration)   # 设置文本剪辑的不透明度、位置和时长
5  new_video = CompositeVideoClip([video_clip, text_clip])   # 在视频上叠加文本剪辑
6  new_video.write_videofile('扫地机器人1.mp4')   # 导出视频
```

◎ 代码解析

第 3 行代码用于创建文本剪辑，各参数的含义见案例 073，这里不再赘述。

第 4 行代码用于设置文本剪辑的不透明度为 85%，左上角坐标为 (43, 34)，时长与视频相同。

第 5、6 行代码用于在视频上叠加文本剪辑并导出视频。

◎ 运行结果

运行本案例的代码后，播放生成的视频文件 "扫地机器人1.mp4"，可在画面左上角看到文字水印 "生活电器旗舰店"，如图 8-21 所示。

图 8-21

083 批量为多个视频添加文字水印

◎ 代码文件：实例文件\08\083\批量为多个视频添加文字水印.ipynb
◎ 素材文件：实例文件\08\083\旅拍_处理前（文件夹）

◎ 应用场景

文件夹"旅拍_处理前"中有多个 MP4 文件。本案例将通过构造循环，为这些视频批量添加文字水印。

◎ 实现代码

```
1  from pathlib import Path  # 导入pathlib模块中的Path类
2  from moviepy.editor import VideoFileClip, TextClip, CompositeVideoClip  # 从MoviePy模块的editor子模块中导入VideoFileClip类、TextClip类和CompositeVideoClip类
3  src_folder = Path('旅拍_处理前')  # 指定来源文件夹的路径
4  des_folder = Path('旅拍_处理后')  # 指定目标文件夹的路径
5  if not des_folder.exists():  # 如果目标文件夹不存在
6      des_folder.mkdir(parents=True)  # 则创建目标文件夹
7  text_clip = TextClip(txt='跟着小雨游世界', font='FZZiYYJW.ttf', fontsize=80, color='#ffda1a', bg_color='#0051ba')  # 创建文本剪辑
8  text_clip = text_clip.set_opacity(0.8).set_position((0.68, 0.03), relative=True)  # 设置文本剪辑的不透明度和位置
9  for i in src_folder.glob('*.mp4'):  # 遍历来源文件夹下的MP4文件
10     video_clip = VideoFileClip(str(i))  # 读取视频
11     text_clip = text_clip.set_duration(video_clip.duration)  # 根据视频的时长设置文本剪辑的时长
12     final_clip = CompositeVideoClip([video_clip, text_clip])  # 在视频上叠加文本剪辑
```

```
13      new_file = des_folder / i.name   # 构造导出视频的路径
14      final_clip.write_videofile(str(new_file))   # 导出视频
```

◎ 代码解析

本案例代码的编写思路并没有特别之处，读者可参照之前的批量处理案例进行理解。

◎ 运行结果

运行本案例的代码后，播放目标文件夹下的任意一个视频文件，都可以在画面右上角看到文字水印"跟着小雨游世界"。其效果与案例 082 类似，这里不再展示。

084　为视频添加图片水印

◎ 代码文件：实例文件\08\084\为视频添加图片水印.ipynb
◎ 素材文件：实例文件\08\084\长寿花.mp4、水印.png

◎ 应用场景

案例 082 和案例 083 讲解了文字水印的添加，本案例接着讲解图片水印的添加。其基本原理是先用 ImageClip 类创建图片剪辑，再将图片剪辑叠加到视频上。

◎ 实现代码

```
1   from moviepy.editor import VideoFileClip, ImageClip, CompositeVideo-
    Clip   # 从MoviePy模块的editor子模块中导入VideoFileClip类、ImageClip
    类和CompositeVideoClip类
2   video_clip = VideoFileClip('长寿花.mp4')   # 读取视频
3   pic_clip = ImageClip('水印.png', duration=video_clip.duration)   # 从
    图片创建图片剪辑，并设置图片剪辑的时长
4   pic_clip = pic_clip.resize(0.8).set_opacity(0.5).set_position
    ('center')   # 设置图片剪辑的尺寸、不透明度和位置
```

```
5    new_video = CompositeVideoClip([video_clip, pic_clip])    # 在视频上
     叠加图片剪辑
6    new_video.write_videofile('长寿花1.mp4')    # 导出视频
```

◎ **代码解析**

第 3 行代码用于从图片文件"水印.png"创建图片剪辑,并将其时长设置为视频的时长。
第 4 行代码用于设置图片剪辑的尺寸为原来的 80%,不透明度为 50%,显示于画面中心。
第 5、6 行代码用于在视频上叠加图片剪辑并导出视频。

◎ **知识延伸**

第 3 行代码中的 ImageClip 类用于读取图片并创建图片剪辑,其常用语法格式如下,各参数的说明见表 8-6。

```
ImageClip(img, duration=None)
```

表 8-6

参数	说明
img	指定图片文件的路径
duration	指定图片剪辑的时长。默认值为 None,表示从视频的开头到结尾一直显示图片

◎ **运行结果**

运行本案例的代码后,播放生成的视频文件"长寿花1.mp4",可在画面中心看到半透明的图片水印,如图 8-22 所示。

图 8-22

085 批量为多个视频添加图片水印

◎ 代码文件：实例文件\08\085\批量为多个视频添加图片水印.ipynb
◎ 素材文件：实例文件\08\085\品牌徽标.png、润肤乳_处理前（文件夹）

◎ 应用场景

文件夹"润肤乳_处理前"中有多个 MP4 文件。本案例将通过构造循环，为这些视频批量添加品牌徽标的图片水印。

◎ 实现代码

```
1  from pathlib import Path  # 导入pathlib模块中的Path类
2  from moviepy.editor import VideoFileClip, ImageClip, CompositeVideoClip  # 从MoviePy模块的editor子模块中导入VideoFileClip类、ImageClip类和CompositeVideoClip类
3  src_folder = Path('润肤乳_处理前')  # 指定来源文件夹的路径
4  des_folder = Path('润肤乳_处理后')  # 指定目标文件夹的路径
5  if not des_folder.exists():  # 如果目标文件夹不存在
6      des_folder.mkdir(parents=True)  # 则创建目标文件夹
7  pic_clip = ImageClip('品牌徽标.png').resize(0.2).set_opacity(0.6).set_position(('right', 'bottom'))  # 创建图片剪辑，并设置其尺寸、不透明度和位置
8  for i in src_folder.glob('*.mp4'):  # 遍历来源文件夹下的MP4文件
9      video_clip = VideoFileClip(str(i))  # 读取视频
10     pic_clip = pic_clip.set_duration(video_clip.duration)  # 设置图片剪辑的时长
11     new_video = CompositeVideoClip([video_clip, pic_clip])  # 在视频上叠加图片剪辑
12     new_file = des_folder / i.name  # 构造导出视频的路径
```

```
13    new_video.write_videofile(str(new_file))    # 导出视频
```

◎ **代码解析**

本案例代码的编写思路并没有特别之处，读者可参照之前的批量处理案例进行理解。

◎ **运行结果**

运行本案例的代码后，播放目标文件夹下的任意一个视频文件，可在画面右下角看到品牌徽标的图片水印，如图 8-23 所示。

图 8-23

第 9 章

音频的剪辑

视频作品是视听结合的艺术。恰如其分的配乐和音效能够配合视觉要素，起到画龙点睛的效果。本章将讲解如何通过编写 Python 代码高效地剪辑音频。

086 批量转换多个音频文件的格式

◎ 代码文件：实例文件\09\086\批量转换多个音频文件的格式.ipynb
◎ 素材文件：实例文件\09\086\音乐素材_处理前（文件夹）

◎ 应用场景

文件夹"音乐素材_处理前"中有多个不同格式的音频文件。本案例将通过构造循环，将这些文件中的非 MP3 格式文件转换为 MP3 格式。

◎ 实现代码

```
1   from pathlib import Path   # 导入pathlib模块中的Path类
2   from shutil import copy   # 导入shutil模块中的copy()函数
3   from moviepy.editor import AudioFileClip   # 从MoviePy模块的editor子
    模块中导入AudioFileClip类
4   src_folder = Path('音乐素材_处理前')   # 指定来源文件夹的路径
5   des_folder = Path('音乐素材_处理后')   # 指定目标文件夹的路径
6   if not des_folder.exists():   # 如果目标文件夹不存在
7       des_folder.mkdir(parents=True)   # 则创建目标文件夹
8   for i in src_folder.glob('*'):   # 遍历来源文件夹
9       if i.is_file():   # 当遍历到的路径指向一个文件时才执行后续操作
10          if i.suffix.lower() != '.mp3':   # 如果文件扩展名不是".mp3"
11              audio_clip = AudioFileClip(str(i))   # 读取该文件
12              new_file = des_folder / (i.stem + '.mp3')   # 构造转换格
                式后的文件的路径
13              audio_clip.write_audiofile(str(new_file))   # 导出转换格
                式后的音频文件
14          else:   # 否则
15              copy(i, des_folder)   # 直接将文件复制到目标文件夹
```

◎ **代码解析**

本案例代码的编写思路与案例 022 相同，读者可参照该案例的讲解进行理解，这里不再赘述。

◎ **知识延伸**

第 11 行代码中的 AudioFileClip 类和第 13 行代码中的 write_audiofile() 函数在案例 023 中介绍过，这里不再赘述。

◎ **运行结果**

文件夹"音乐素材_处理前"中的音频文件如图 9-1 所示。运行本案例的代码后，打开文件夹"音乐素材_处理后"，可看到批量转换格式得到的 MP3 文件，如图 9-2 所示。

图 9-1

图 9-2

087 截取音频的片段

◎ 代码文件：实例文件\09\087\截取音频的片段.ipynb
◎ 素材文件：实例文件\09\087\舒缓的音乐.mp3

◎ **应用场景**

如果只需要用到音频文件中的某一个片段，可以先用 MoviePy 模块中的 AudioFileClip 类读取音频文件，再用 subclip() 函数从音频中截取需要的片段，然后用 write_audiofile() 函数导出该片段。

◎ 实现代码

```python
from moviepy.editor import AudioFileClip   # 从MoviePy模块的editor子模块中导入AudioFileClip类
audio_clip = AudioFileClip('舒缓的音乐.mp3')   # 读取音频
audio_clip = audio_clip.subclip((1, 27), (1, 59))   # 从音频中截取片段
audio_clip.write_audiofile('舒缓的音乐_片段.mp3')   # 导出音频
```

◎ 代码解析

第 2 行代码用于读取要截取片段的音频文件"舒缓的音乐.mp3"。

第 3 行代码用于从读取的音频中截取第 1 分 27 秒至第 1 分 59 秒的片段。读者可根据实际需求修改截取的开始时间点和结束时间点。

第 4 行代码用于导出截取的音频片段。

◎ 知识延伸

第 3 行代码中的 subclip() 函数用于截取音频中两个指定时间点之间的内容,其语法格式与案例 037 中介绍的用于截取视频片段的 subclip() 函数相同。

◎ 运行结果

原音频文件的时长为 4 分 38 秒,本案例代码生成的音频文件的时长为 32 秒,与代码中的设定一致,如图 9-3 所示。

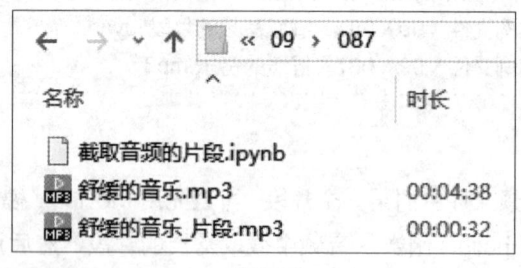

图 9-3

088　批量将多个视频转换为静音效果

◎ 代码文件：实例文件\09\088\批量将多个视频转换为静音效果.ipynb
◎ 素材文件：实例文件\09\088\雨中景色_处理前（文件夹）

◎ 应用场景

如果素材视频的原始音频没有使用价值，那么在后期处理时需要先将音频删除，再另行配音或配乐。文件夹"雨中景色_处理前"中有多个 MP4 文件。本案例将通过构造循环，批量删除这些视频中的音频。

◎ 实现代码

```python
1   from pathlib import Path      # 导入pathlib模块中的Path类
2   from moviepy.editor import VideoFileClip      # 从MoviePy模块的editor子模块中导入VideoFileClip类
3   src_folder = Path('雨中景色_处理前')      # 指定来源文件夹的路径
4   des_folder = Path('雨中景色_处理后')      # 指定目标文件夹的路径
5   if not des_folder.exists():      # 如果目标文件夹不存在
6       des_folder.mkdir(parents=True)      # 则创建目标文件夹
7   for i in src_folder.glob('*.mp4'):      # 遍历来源文件夹中的MP4文件
8       video_clip = VideoFileClip(str(i))      # 读取视频
9       new_video = video_clip.without_audio()      # 删除视频中的音频
10      new_file = des_folder / i.name      # 构造导出视频的路径
11      new_video.write_videofile(str(new_file))      # 导出视频
```

◎ 代码解析

第 9 行代码使用 without_audio() 函数删除视频中的音频，该函数没有参数。

其余代码的含义与前面的批量处理案例类似，这里不再赘述。

◎ 知识延伸

在使用 VideoFileClip 类读取视频时,将参数 audio 设置为 False,也能达到让视频静音的目的。

◎ 运行结果

查看来源文件夹下任意一个视频的属性,可以看到其中的音频信息,如图 9-4 所示。运行本案例的代码后,查看目标文件夹下任意一个视频的属性,会发现没有音频信息,如图 9-5 所示,说明该视频已变为静音状态。

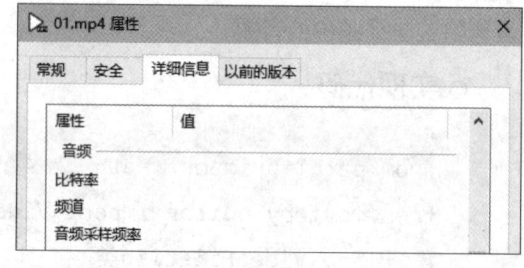

图 9-4

图 9-5

089 为视频添加背景音乐

◎ 代码文件:实例文件\09\089\为视频添加背景音乐.ipynb
◎ 素材文件:实例文件\09\089\秋叶.mp4、背景音乐.mp3

◎ 应用场景

合适的背景音乐能够调动观众的情绪,从而提高视频的完播率。使用 MoviePy 模块中的 set_audio() 函数可以将读取的音频写入视频中,达到为视频添加背景音乐的目的。

◎ 实现代码

```
1  from moviepy.editor import VideoFileClip, AudioFileClip  # 从MoviePy
   模块的editor子模块中导入VideoFileClip类和AudioFileClip类
```

```
2    video_clip = VideoFileClip('秋叶.mp4', audio=False)    # 读取视频
3    audio_clip = AudioFileClip('背景音乐.mp3').subclip(2, 2 + video_
     clip.duration)    # 读取音频并截取片段
4    new_video = video_clip.set_audio(audio_clip)    # 将截取的音频片段添加
     到视频中
5    new_video.write_videofile('秋叶1.mp4')    # 导出视频
```

◎ 代码解析

第2行代码用于读取视频文件"秋叶.mp4",并舍弃其中的音频。

第3行代码用于读取音频文件"背景音乐.mp3",并从音频的第2秒开始截取与视频时长相同的片段。

第4行代码用于将截取的音频片段添加到读取的视频中。

第5行代码用于导出添加了背景音乐的视频。

◎ 知识延伸

第4行代码中的set_audio()函数用于将一个音频文件设置为视频的音频轨道。该函数只有一个参数clip,用于指定要添加的音频文件。

◎ 运行结果

运行本案例的代码后,播放生成的视频文件"秋叶1.mp4",可以听到添加的背景音乐。

090 制作循环播放的背景音乐

◎ 代码文件:实例文件\09\090\制作循环播放的背景音乐.ipynb
◎ 素材文件:实例文件\09\090\城市夜景.mp4、背景音乐.mp3

◎ 应用场景

如果背景音乐素材的时长比视频的时长短,可以使用audio_loop()函数把背景音乐素材重复播放一定的次数,让其变得和视频一样长。

◎ 实现代码

```
1  from moviepy.editor import VideoFileClip, AudioFileClip  # 从MoviePy
   模块的editor子模块中导入VideoFileClip类和AudioFileClip类
2  from moviepy.audio.fx.all import audio_loop  # 从MoviePy模块的au-
   dio.fx.all子模块中导入audio_loop()函数
3  video_clip = VideoFileClip('城市夜景.mp4', audio=False)  # 读取视频
4  audio_clip = AudioFileClip('背景音乐.mp3')  # 读取音频
5  audio_clip = audio_loop(audio_clip, duration=video_clip.duration)
   # 通过重复播放，让音频的时长与视频的时长一致
6  new_video = video_clip.set_audio(audio_clip)  # 将处理好的音频添加到
   视频中
7  new_video.write_videofile('城市夜景1.mp4')  # 导出视频
```

◎ 代码解析

第 2 行代码用于从 MoviePy 模块的 audio.fx.all 子模块中导入 audio_loop() 函数。

第 5 行代码使用 audio_loop() 函数重复播放音频内容，从而增加音频的时长，直至音频的时长与视频的时长一致。

其余代码的含义与案例 089 类似，这里不再赘述。

◎ 知识延伸

第 5 行代码中的 audio_loop() 函数用于重复播放音频内容，其常用语法格式如下，各参数的说明见表 9-1。

```
audio_loop(audioclip, nloops=None, duration=None)
```

表 9-1

参数	说明
audioclip	指定要重复播放的音频文件

续表

参数	说明
nloops	指定重复播放的次数
duration	指定重复播放后音频的总时长。nloops 和 duration 只需要设置一个

◎ 运行结果

运行本案例的代码后，播放生成的视频文件"城市夜景1.mp4"，可听到背景音乐会自动循环播放，并与视频画面同步结束。

091 批量为多个视频添加背景音乐

◎ 代码文件：实例文件\09\091\批量为多个视频添加背景音乐.ipynb
◎ 素材文件：实例文件\09\091\背景音乐.mp3、史宾格犬_处理前（文件夹）

◎ 应用场景

文件夹"史宾格犬_处理前"中有多个 MP4 文件，现在需要批量为这些视频添加相同的背景音乐。本案例的关键问题是应根据视频和背景音乐素材这两者的时长大小关系对背景音乐素材做不同的处理：当视频的时长小于背景音乐素材的时长时，用 subclip() 函数截取音频片段，以缩短音频的时长；当视频的时长大于背景音乐素材的时长时，用 audio_loop() 函数重复播放音频，以增加音频的时长；当视频的时长等于背景音乐素材的时长时，前两种处理方式皆可，这里选择截取片段的方式。

◎ 实现代码

```
1  from pathlib import Path  # 导入pathlib模块中的Path类
2  from moviepy.editor import VideoFileClip, AudioFileClip  # 从MoviePy
   模块的editor子模块中导入VideoFileClip类和AudioFileClip类
3  from moviepy.audio.fx.all import audio_loop  # 从MoviePy模块的au-
   dio.fx.all子模块中导入audio_loop()函数
```

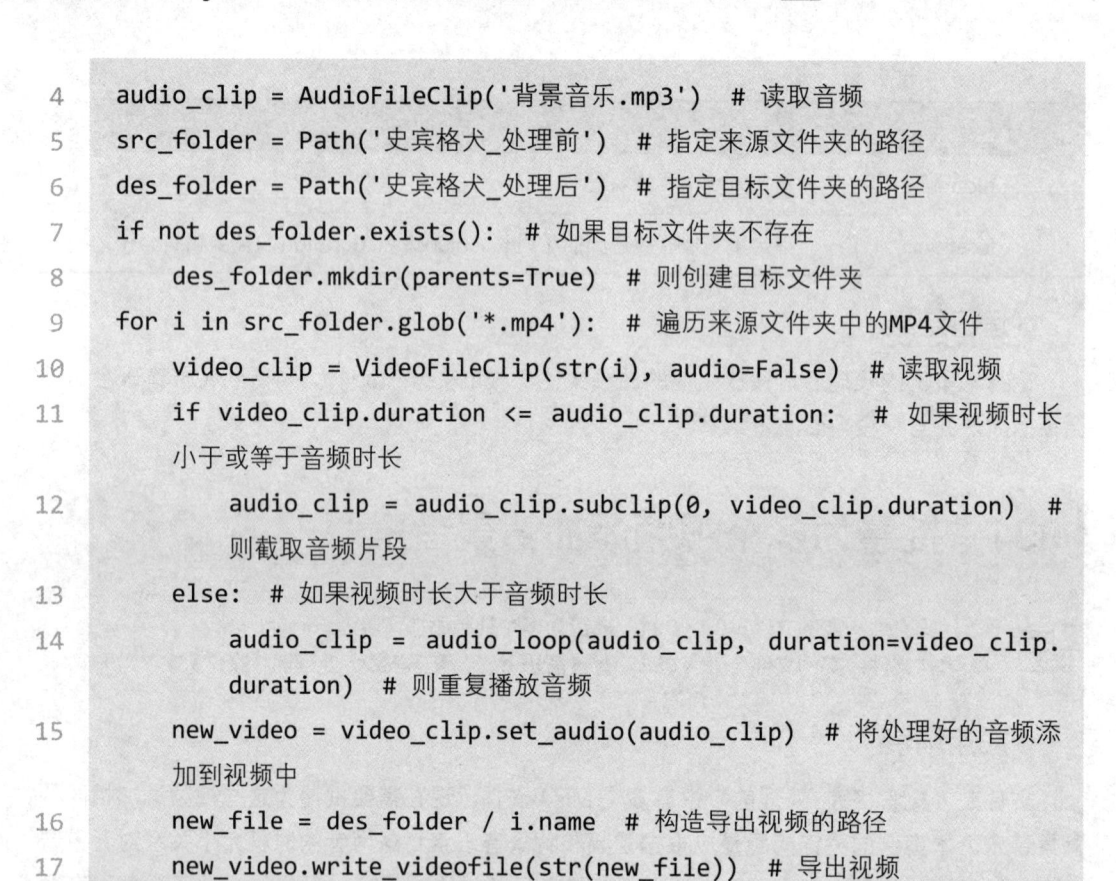

```python
4    audio_clip = AudioFileClip('背景音乐.mp3')   # 读取音频
5    src_folder = Path('史宾格犬_处理前')   # 指定来源文件夹的路径
6    des_folder = Path('史宾格犬_处理后')   # 指定目标文件夹的路径
7    if not des_folder.exists():   # 如果目标文件夹不存在
8        des_folder.mkdir(parents=True)   # 则创建目标文件夹
9    for i in src_folder.glob('*.mp4'):   # 遍历来源文件夹中的MP4文件
10       video_clip = VideoFileClip(str(i), audio=False)   # 读取视频
11       if video_clip.duration <= audio_clip.duration:   # 如果视频时长小于或等于音频时长
12           audio_clip = audio_clip.subclip(0, video_clip.duration)   # 则截取音频片段
13       else:   # 如果视频时长大于音频时长
14           audio_clip = audio_loop(audio_clip, duration=video_clip.duration)   # 则重复播放音频
15       new_video = video_clip.set_audio(audio_clip)   # 将处理好的音频添加到视频中
16       new_file = des_folder / i.name   # 构造导出视频的路径
17       new_video.write_videofile(str(new_file))   # 导出视频
```

◎ 代码解析

第 11～14 行代码是本案例的关键代码，其根据"应用场景"中的分析，使用 if 语句构造了一个二分支结构，用于对音频做不同的处理。其余代码的含义与前面的批量处理案例类似，这里不再赘述。

◎ 运行结果

运行本案例的代码后，播放目标文件夹下的任意一个视频文件，都能听到相同的背景音乐，且音乐的时长与视频的时长相同。

092　调节音频的音量

◎ 代码文件：实例文件\09\092\调节音频的音量.ipynb
◎ 素材文件：实例文件\09\092\背景音乐.mp3、城市航拍.mp4

◎ 应用场景

如果觉得素材音频或素材视频的音量不合适，可以使用MoviePy模块中的volumex()函数调节音频的音量。

◎ 实现代码

```
1  from moviepy.editor import VideoFileClip, AudioFileClip  # 从MoviePy模块的editor子模块中导入VideoFileClip类和AudioFileClip类
2  audio_clip = AudioFileClip('背景音乐.mp3').volumex(0.5)  # 读取音频并降低音量
3  audio_clip.write_audiofile('背景音乐1.mp3')  # 导出音频
4  video_clip = VideoFileClip('城市航拍.mp4').volumex(2)  # 读取视频并提高音频的音量
5  video_clip.write_videofile('城市航拍1.mp4')  # 导出视频
```

◎ 代码解析

第2行代码用于读取音频文件"背景音乐.mp3"，然后将其音量降至原来的50%。

第4行代码用于读取视频文件"城市航拍.mp4"，然后将其音频的音量升至原来的2倍。

◎ 知识延伸

第2、4行代码中的volumex()函数用于调节音频的音量，其只有一个常用参数factor，用于指定音量的升降系数。参数值为浮点型数字，在0～1之间时表示降低音量，大于1时表示升高音量。

◎ 运行结果

运行本案例的代码后，分别播放原文件和代码生成的文件，可对比调节音量的效果。

093 批量调节多个视频的音频音量

◎ 代码文件：实例文件\09\093\批量调节多个视频的音频音量.ipynb
◎ 素材文件：实例文件\09\093\花花草草_处理前（文件夹）

◎ 应用场景

文件夹"花花草草_处理前"中有多个 MP4 文件。本案例将通过构造循环，批量调节这些视频中的音频的音量。

◎ 实现代码

```
1   from pathlib import Path    # 导入pathlib模块中的Path类
2   from moviepy.editor import VideoFileClip    # 从MoviePy模块的editor子
    模块中导入VideoFileClip类
3   src_folder = Path('花花草草_处理前')    # 指定来源文件夹的路径
4   des_folder = Path('花花草草_处理后')    # 指定目标文件夹的路径
5   if not des_folder.exists():    # 如果目标文件夹不存在
6       des_folder.mkdir(parents=True)    # 则创建目标文件夹
7   for i in src_folder.glob('*.mp4'):    # 遍历来源文件夹中的MP4文件
8       video_clip = VideoFileClip(str(i)).volumex(0.4)    # 读取视频并降
        低音频的音量
9       new_file = des_folder / i.name    # 构造导出视频的路径
10      video_clip.write_videofile(str(new_file))    # 导出视频
```

◎ 代码解析

本案例代码的编写思路并没有特别之处，读者可参照之前的批量处理案例进行理解。

◎ 运行结果

运行本案例的代码后，播放来源文件夹和目标文件夹中的视频文件，可对比调节音量的效果。

094 叠加多个音频

◎ 代码文件：实例文件＼09＼094＼叠加多个音频.ipynb
◎ 素材文件：实例文件＼09＼094＼昆虫.mp4、背景音乐.mp3、鸟鸣.mp3

◎ 应用场景

在背景音乐中添加一些音效，如鸟鸣声、笑声、掌声等，可以烘托气氛，让人感觉身临其境。使用 MoviePy 模块中的 CompositeAudioClip 类可以将多个音频合成为一个音频，实现音频的叠加效果。

◎ 实现代码

```
1  from moviepy.editor import VideoFileClip, AudioFileClip, CompositeAudioClip  # 从MoviePy模块的editor子模块中导入VideoFileClip类、AudioFileClip类和CompositeAudioClip类
2  video_clip = VideoFileClip('昆虫.mp4', audio=False)  # 读取视频
3  audio_clip1 = AudioFileClip('背景音乐.mp3').volumex(0.3).subclip(0, video_clip.duration)  # 读取背景音乐素材，降低音量并截取片段
4  audio_clip2 = AudioFileClip('鸟鸣.mp3')  # 读取音效素材
5  merge_audio = CompositeAudioClip([audio_clip1, audio_clip2.set_start(1)])  # 合成背景音乐和音效
6  final_video = video_clip.set_audio(merge_audio)  # 将合成的音频添加到视频中
7  final_video.write_videofile('昆虫1.mp4')  # 导出视频
```

◎ 代码解析

第 3 行代码用于读取背景音乐素材"背景音乐.mp3"，将其音量降至原来的 30%，然后截取一段与视频时长相同的片段。

第 4 行代码用于读取音效素材"鸟鸣.mp3"。

第 5 行代码用于合成背景音乐和音效。在合成的音频中，背景音乐从默认的第 0 秒开始播放，音效则从第 1 秒开始播放。

第 6 行代码用于将合成的音频添加到视频中。

◎ 知识延伸

第 5 行代码中的 CompositeAudioClip 类可以将多个音频合成为一个音频。这个类的语法格式比较简单，只有一个常用参数 clip，参数值为一个列表，列表中的元素为要合成的多个音频。

◎ 运行结果

运行本案例的代码后，播放生成的视频文件"昆虫1.mp4"，可听到背景音乐中夹杂着鸟鸣声的效果。

095　为音频添加淡入 / 淡出效果

◎ 代码文件：实例文件＼09＼095＼为音频添加淡入／淡出效果.ipynb
◎ 素材文件：实例文件＼09＼095＼羊驼.mp4、背景音乐.mp3

◎ 应用场景

从音频素材中截取的片段，其开头和结尾听起来往往会比较生硬。为了解决这个问题，可以使用 MoviePy 模块中的 audio_fadein() 函数和 audio_fadeout() 函数为音频添加淡入和淡出的效果。

◎ 实现代码

```
1  from moviepy.editor import VideoFileClip, AudioFileClip    # 从MoviePy
   模块的editor子模块中导入VideoFileClip类和AudioFileClip类
2  video_clip = VideoFileClip('羊驼.mp4', audio=False)    # 读取视频
3  audio_clip = AudioFileClip('背景音乐.mp3').subclip(14.05, 14.05 +
   video_clip.duration)    # 读取音频并截取片段
```

```
4    audio_clip = audio_clip.audio_fadein(2).audio_fadeout(2)    # 为音频
     片段添加淡入和淡出效果
5    new_video = video_clip.set_audio(audio_clip)    # 将处理好的音频片段添
     加到视频中
6    new_video.write_videofile('羊驼1.mp4')    # 导出视频
```

◎ 代码解析

第 3 行代码用于读取背景音乐素材"背景音乐.mp3",并从第 14.05 秒开始截取一段与视频时长相同的片段。

第 4 行代码用于为截取的音频片段添加时长 2 秒的淡入效果和时长 2 秒的淡出效果。

第 5 行代码用于将处理好的音频片段添加到视频中。

◎ 知识延伸

第 5 行代码中的 audio_fadein() 函数用于为音频添加淡入效果,即让音频开头部分的音量从无声逐渐上升至正常。audio_fadeout() 函数则用于为音频添加淡出效果,即让音频结尾部分的音量从正常逐渐降低至无声。这两个函数的语法格式相同,只有一个常用参数 duration,用于指定淡入 / 淡出效果的时长(单位:秒),参数值为整型数字或浮点型数字。

◎ 运行结果

运行本案例的代码后,播放生成的视频文件"羊驼1.mp4",可以听到背景音乐的出现和消失会比较自然。

第 10 章
短视频数据分析

短视频从业者通过分析相关数据，可以挖掘出数据背后隐含的信息，构建精准的用户画像，从而及时调整创作思路，生产出更贴合目标用户需求的内容。本章将讲解如何通过编写 Python 代码完成数据的统计分析和可视化展示。

096　绘制饼图分析用户性别占比

◎ 代码文件：实例文件 \ 10 \ 096 \ 绘制饼图分析用户性别占比.ipynb
◎ 素材文件：实例文件 \ 10 \ 096 \ 用户数据.xlsx

◎ 应用场景

不同性别的用户对短视频内容类型的偏好也有所不同。本案例将使用 Matplotlib 模块中的 pie() 函数绘制饼图，对用户的性别占比进行分析。

◎ 实现代码

```
1  import pandas as pd    # 导入pandas模块
2  import matplotlib.pyplot as plt    # 导入Matplotlib模块的pyplot子模块
3  data = pd.read_excel('用户数据.xlsx', index_col='用户ID')    # 读取数据
4  gender = data['性别'].value_counts()    # 按"性别"统计人数
5  plt.rcParams['font.sans-serif'] = ['Microsoft YaHei']    # 为图表中的
   文本设置默认字体，避免中文显示为乱码
6  plt.rcParams['axes.unicode_minus'] = False    # 解决坐标值为负数时无法
   正常显示负号的问题
7  plt.figure(figsize=(6, 6))    # 创建画布
8  plt.pie(x=gender.values, explode=[0.1, 0], labels=gender.index,
   colors=['c', 'y'], autopct='%.2f%%', startangle=70, counterclock=
   False, textprops={'fontsize': 20})    # 绘制饼图
9  plt.show()    # 显示绘制的图表
```

◎ 代码解析

第 1 行代码用于导入 pandas 模块（一个专门用于处理和分析数据的模块），并简写为 pd。

第 2 行代码用于导入 Matplotlib 模块（一个专门用于绘制图表的模块）的 pyplot 子模块，并简写为 plt。

第 3 行代码用于从工作簿"用户数据.xlsx"中读取数据，读取结果如图 10-1 所示。

第 4 行代码用于统计"性别"列的各个唯一值的数量，得到女性用户和男性用户的人数。统计结果如下所示：

```
1    性别
2    女    267
3    男    233
4    Name: count, dtype: int64
```

用户ID	用户所在城市	性别	年龄	受教育程度
159495611	一线城市	男	25	本科
159495612	二线城市	男	26	大专
159495613	二线城市	男	18	大专
...	...	...	...	...
159496108	二线城市	女	27	大专
159496109	一线城市	男	35	大专
159496110	四线城市	男	19	大专

500 rows × 4 columns

图 10-1

第 5 行代码将图表中文本的默认字体设置为"微软雅黑"，第 6 行代码用于解决坐标值为负数时无法正常显示负号的问题。这样绘制出的图表才能正常显示中文文本和数据内容。

第 7 行代码用于创建一张宽和高都为 6 英寸的画布。

第 8 行代码用于根据第 4 行代码的统计结果绘制饼图。读者可按照"知识延伸"中的讲解修改饼图的参数。

第 9 行代码用于显示绘制的饼图。

◎ 知识延伸

（1）第 3 行代码中的 read_excel() 函数是 pandas 模块中的函数，用于从工作簿中读取数据，其常用语法格式如下，各参数的说明见表 10-1。

```
read_excel(io, sheet_name=0, index_col=None)
```

表 10-1

参数	说明
io	指定要读取的工作簿的文件路径
sheet_name	指定要读取的工作表，参数值可以是工作表名称，也可以是整型数字（默认值为 0，代表第 1 个工作表），如果将参数值设置为 None，则表示读取工作簿中所有工作表的数据

续表

参数	说明
index_col	指定以工作表中的哪一列数据作为 DataFrame 的行标签，参数值可以是列名或列索引号（从 0 开始计数）

（2）第 4 行代码中的 value_counts() 函数用于统计某列数据的各唯一值的数量。

（3）第 5 行代码中的"Microsoft YaHei"是"微软雅黑"字体的英文名称。其他常用中文字体的英文名称如下："宋体"为"SimSun"，"新宋体"为"NSimSun"，"楷体"为"KaiTi"，"仿宋"为"FangSong"，"黑体"为"SimHei"。

（4）第 7 行代码中的 figure() 函数是 pyplot 子模块中的函数，用于创建空白画布。参数 figsize 用于指定画布的尺寸（单位：英寸）。

（5）第 8 行代码中的 pie() 函数是 pyplot 子模块中的函数，用于绘制饼图，其常用语法格式如下，各参数的说明见表 10-2。

```
pie(x, explode=None, labels=None, colors=None, autopct=None, pctdistance=0.6, labeldistance=1.1, startangle=0, counterclock=True, wedgeprops=None, textprops=None)
```

表 10-2

参数	说明
x	指定饼图块的数据系列值
explode	指定每一个饼图块与圆心的距离，参数值通常是一个列表，列表的元素个数与饼图块的个数相同。例如，将参数值设置为 [0.3, 0, 0]，第 1 个元素为 0.3，其他元素均为 0，表示将第 1 个饼图块分离，其他饼图块的位置不变
labels	指定每一个饼图块的数据标签内容
colors	指定每一个饼图块的颜色
autopct	指定饼图块的百分比数值的格式
pctdistance	指定百分比数值与饼图圆心的距离，默认值为 0.6

续表

参数	说明
labeldistance	指定数据标签与饼图圆心的距离，当参数值小于 1 时，数据标签显示在饼图块内部
startangle	指定第 1 个饼图块的初始角度
counterclock	指定饼图块的排列方向，参数值为 False 时表示顺时针排列，为 True 时表示逆时针排列
wedgeprops	设置饼图块的属性，参数值为一个字典，字典中的键值对是各个属性的名称和值
textprops	设置饼图中文本元素的属性，参数值为一个字典，字典中的键值对是各个属性的名称和值

（6）Matplotlib 模块支持多种颜色格式，第 8 行代码使用的是其中最常用的一种，即 8 种基本颜色的英文简写，包括 'r'（红色）、'g'（绿色）、'b'（蓝色）、'c'（青色）、'm'（洋红色）、'y'（黄色）、'k'（黑色）、'w'（白色）。

（7）第 8 行代码中的 values 属性和 index 属性分别用于从统计结果 gender 中提取值（即各性别用户的个数）和行标签（即各性别的名称）。

（8）第 9 行代码中的 show() 函数是 pyplot 子模块中的函数，用于显示绘制的图表。

◎ 运行结果

运行本案例的代码后，即可看到如图 10-2 所示的饼图，其显示女性用户占比略高于男性用户占比。随后需要根据自己的目标和期望去调整策略。例如，假设最初设定的目标是吸引更多女性用户，那么目前已初步达到目的，未来策略的调整方向要放在巩固并提高女性用户占比上。实施新的策略后要持续监测其效果，并根据数据反馈灵活调整，确保每一步调整都能朝着既定的目标迈进。

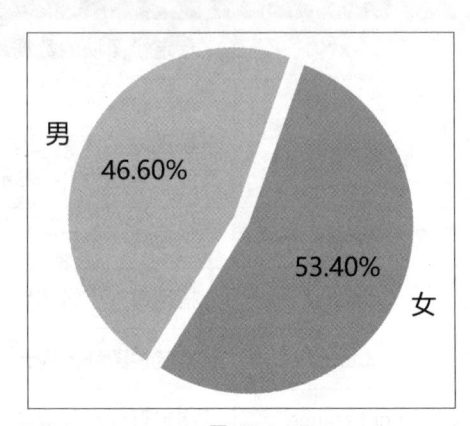

图 10-2

097 绘制圆环图分析用户学历水平占比

◎ 代码文件：实例文件＼10＼097＼绘制圆环图分析用户学历水平占比.ipynb
◎ 素材文件：实例文件＼10＼097＼用户数据.xlsx

◎ 应用场景

一般来说，受教育程度越高的用户，其消费能力越强，同时对内容质量的要求也越高。因此，短视频从业者有必要了解当前用户的学历水平分布。本案例将使用 Matplotlib 模块中的 pie() 函数绘制圆环图，分析用户的受教育程度。

◎ 实现代码

```
1   import pandas as pd   # 导入pandas模块
2   import matplotlib.pyplot as plt   # 导入Matplotlib模块的pyplot子模块
3   data = pd.read_excel('用户数据.xlsx', index_col='用户ID')   # 读取数据
4   education = data['受教育程度'].value_counts()   # 按"受教育程度"统计人数
5   plt.rcParams['font.sans-serif'] = ['Microsoft YaHei']   # 为图表中的文本设置默认字体，避免中文显示为乱码
6   plt.rcParams['axes.unicode_minus'] = False   # 解决坐标值为负数时无法正常显示负号的问题
7   plt.figure(figsize=(8, 8))   # 创建画布
8   plt.pie(x=education.values, labels=education.index, colors=['r', 'c', 'g', 'y'], autopct='%.2f%%', pctdistance=0.75, labeldistance=1.1, startangle=90, counterclock=False, wedgeprops={'width': 0.45, 'linewidth': 2, 'edgecolor': 'w'}, textprops={'fontsize': 18})   # 绘制圆环图
9   plt.title(label='用户学历水平占比分析', fontdict={'family': 'SimHei', 'color': 'k', 'size': 24}, loc='center')   # 添加图表标题
```

```
10    plt.show()    # 显示绘制的图表
```

◎ 代码解析

第 4 行代码用于统计"受教育程度"列的各个唯一值的数量，得到不同学历水平的用户的人数。

第 8 行代码用于根据第 4 行代码的统计结果绘制圆环图。读者可按照"知识延伸"中的讲解修改参数。

第 9 行代码用于为图表添加标题，其文字内容为"用户学历水平占比分析"，字体为黑体，字体颜色为黑色，字号为 24 磅，位置为居中。读者可按照"知识延伸"中的讲解修改参数。

其余代码的含义与案例 096 类似，这里不再赘述。

◎ 知识延伸

（1）第 8 行代码通过设置 pie() 函数的参数 wedgeprops 来绘制圆环图，这里传入的参数值为 {'width': 0.45, 'linewidth': 2, 'edgecolor': 'w'}，表示设置饼图块的环宽占比为 45%，边框粗细为 2 磅，边框颜色为白色。环宽是指圆环的外圆半径与内圆半径之差，环宽占比则是环宽占外圆半径的比例。将饼图块的环宽占比设置成小于 1 的数，就能绘制出圆环图。此外，为饼图块添加边框可以更明显地区分不同的饼图块，提高图表的可读性。

（2）第 9 行代码中的 title() 函数是 pyplot 子模块中的函数，用于添加图表标题，其常用语法格式如下，各参数的说明见表 10-3。

```
title(label, fontdict=None, loc=None)
```

表 10-3

参数	说明
label	指定图表标题的文本内容
fontdict	指定图表标题的文本格式，如字体、字体颜色、字号等。参数值为一个字典，字典中的键值对是各个属性的名称和值
loc	指定图表标题的位置，可取的值有 'center'（居中）、'right'（靠右）、'left'（靠左）

◎ 运行结果

运行本案例的代码后，即可看到如图 10-3 所示的圆环图，其显示大专及以上学历的用户占大多数。这说明目前大多数用户的学历水平较高，短视频从业者在创作过程中要注重把控作品内容的质量，才能吸引和留住用户。

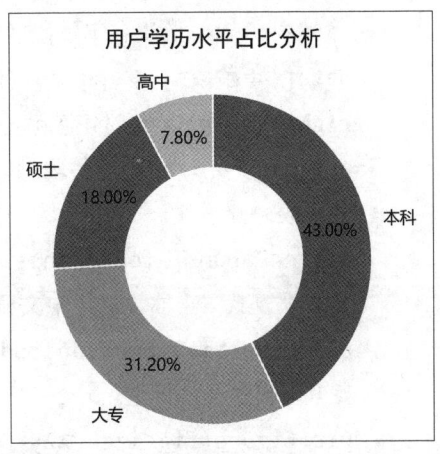

图 10-3

098 绘制柱形图分析用户年龄段分布情况

◎ 代码文件：实例文件\10\098\绘制柱形图分析用户年龄段分布情况.ipynb
◎ 素材文件：实例文件\10\098\用户数据.xlsx

◎ 应用场景

不同年龄段的用户对短视频内容类型的偏好往往大相径庭，因此，年龄段是短视频用户最基本的圈层划分标准之一。本案例将使用 Matplotlib 模块中的 bar() 函数绘制柱形图，分析用户的年龄分布情况。

◎ 实现代码

```
1   import pandas as pd   # 导入pandas模块
2   import matplotlib.pyplot as plt   # 导入Matplotlib模块的pyplot子模块
3   data = pd.read_excel('用户数据.xlsx', index_col='用户ID')   # 读取数据
4   bins= [0, 20, 26, 36, 46, 56, 100]   # 给出各年龄段区间的端点值
```

```python
5  labels = ['<20岁', '20～25岁', '26～35岁', '36～45岁', '46～55岁',
   '>55岁']   # 给出各年龄段区间的标签
6  data['年龄段'] = pd.cut(x=data['年龄'], bins=bins, labels=labels,
   right=False)   # 对年龄数据进行分段标记
7  age_dis = data['年龄段'].value_counts(sort=False)   # 统计各分段标记
   的个数
8  plt.rcParams['font.sans-serif'] = ['Microsoft YaHei']   # 为图表中的
   文本设置默认字体，避免中文显示为乱码
9  plt.rcParams['axes.unicode_minus'] = False   # 解决坐标值为负数时无法
   正常显示负号的问题
10 plt.figure(figsize=(12, 6))   # 创建画布
11 plt.bar(x=age_dis.index, height=age_dis.values, width=0.5, align=
   'center', color='c')   # 绘制柱形图
12 plt.title(label='各年龄段用户人数统计', fontdict={'family': 'SimHei',
   'color': 'k', 'size': 20}, loc='center')   # 添加图表标题
13 plt.show()   # 显示绘制的柱形图
```

◎ 代码解析

第4、5行代码分别用于给出各年龄段区间的端点值和标签。

第6行代码用于对年龄数据进行分段标记，即判断某个年龄值落在第4行代码给出的哪个区间内，并打上第5行代码给出的相应标签。

第7行代码用于统计各分段标记的个数，即各年龄段的人数。其中将value_counts()函数的参数sort设置为False，以让统计结果按第5行代码给出的标签顺序排序，而不是按人数的多少排序。

第11行代码用于根据统计结果绘制柱形图。读者可按"知识延伸"中的讲解修改参数。

◎ 知识延伸

（1）第6行代码中的cut()函数是pandas模块中的函数，用于对数据进行离散化处理，即将数据分类标记成离散的区间。该函数的常用语法格式如下，各参数的说明见表10-4。

```
cut(x, bins, labels=None, right=True)
```

表 10-4

参数	说明
x	指定要进行离散化处理的数据
bins	指定分类的依据，设置为整数时表示将数据划分成相应数量的等间距区间，设置为序列时表示指定各区间的端点值
labels	指定要返回的标签，需要与参数 bins 的区间一一对应
right	指定区间的开闭方式，设置为 True 时表示"左开右闭"，设置为 False 时表示"左闭右开"

（2）第 11 行代码中的 bar() 函数是 pyplot 子模块中的函数，用于绘制柱形图，其常用语法格式如下，各参数的说明见表 10-5。

```
bar(x, height, width=0.8, align='center', colors=None, labels=None)
```

表 10-5

参数	说明
x	指定柱形图的分类轴的值
height	指定柱形图的数值轴的值（即每一根柱子的高度）
width	指定柱子的宽度，其值并不表示一个具体的尺寸，而是表示柱子的宽度在图表中所占的比例，默认值为 0.8。如果设置为 1，则各根柱子会紧密相连；如果设置为大于 1 的数，则各根柱子会相互交叠
align	指定柱子与分类轴坐标的对齐方式。默认值为 'center'，表示柱子与坐标居中对齐；如果设置为 'edge'，则表示柱子与坐标左对齐
color	指定柱子的填充颜色
label	指定数据的标签

◎ 运行结果

运行本案例的代码后，即可看到如图 10-4 所示的柱形图，其显示 26～35 岁这个年龄段的用户是最多的，因此，在创作过程中要着重研究这部分中青年群体的需求和喜好。

各年龄段用户人数统计

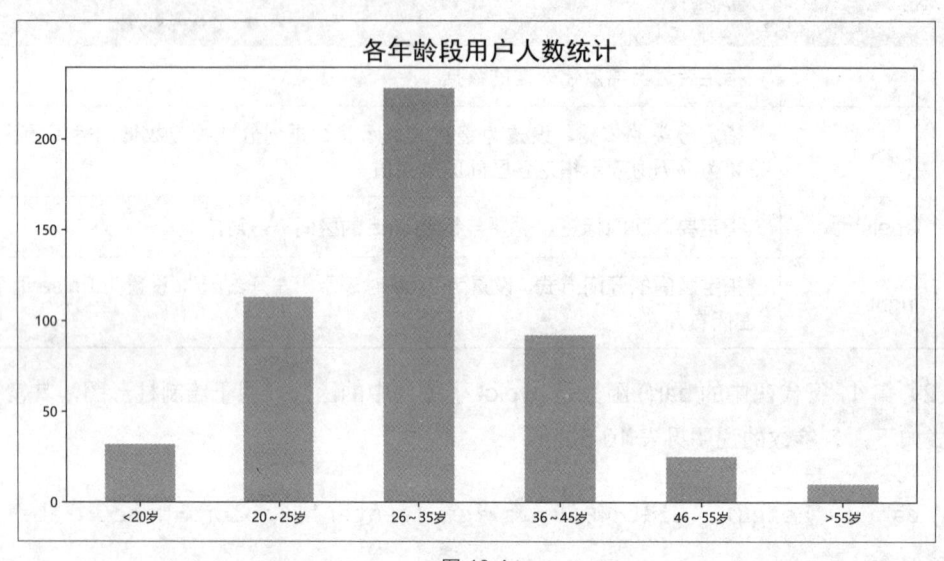

图 10-4

099 绘制条形图分析用户地域分布情况

◎ 代码文件：实例文件＼10＼099＼绘制条形图分析用户地域分布情况.ipynb
◎ 素材文件：实例文件＼10＼099＼用户数据.xlsx

◎ 应用场景

了解用户的地域分布情况有助于短视频从业者创作贴近地区文化或热点的作品。本案例将使用 Matplotlib 模块中的 barh() 函数绘制条形图，分析用户的地域分布情况。

◎ 实现代码

```
1    import pandas as pd    # 导入pandas模块
```

```
2   import matplotlib.pyplot as plt  # 导入Matplotlib模块的pyplot子模块
3   data = pd.read_excel('用户数据.xlsx', index_col='用户ID')  # 读取数据
4   city = data['用户所在城市'].value_counts()  # 按城市级别统计人数
5   city = city.reindex(index=['五线及以下城市', '四线城市', '三线城市',
    '二线城市', '新一线城市', '一线城市'])  # 按指定顺序重新排列统计结果
6   plt.rcParams['font.sans-serif'] = ['Microsoft YaHei']  # 为图表中的
    文本设置默认字体，避免中文显示为乱码
7   plt.rcParams['axes.unicode_minus'] = False  # 解决坐标值为负数时无法
    正常显示负号的问题
8   plt.figure(figsize=(12, 5))  # 创建画布
9   plt.barh(y=city.index, width=city.values, height=0.6, align=
    'center', color='#7fb80e')  # 绘制条形图
10  plt.title(label='不同地域用户人数统计', fontdict={'family': 'SimHei',
    'color': 'k', 'size': 20}, loc='center')  # 添加图表标题
11  for a, b in zip(city.values, city.index):  # 将数值轴和分类轴的坐标
    一一配对
12      plt.text(x=a + 1, y=b, s=str(a), ha='left', va='center', font-
        dict={'family': 'Arial', 'color': 'k', 'size': 14})  # 按坐标
        添加数据标签
13  plt.show()  # 显示绘制的条形图
```

◎ **代码解析**

第 4 行代码用于统计"用户所在城市"列的各个唯一值的数量，即各级城市的用户数量。

第 4 行代码的统计结果默认按照用户数量的多少排序，第 5 行代码用于将统计结果按照指定的城市级别重新排序。

第 9 行代码用于根据统计结果绘制条形图。读者可按照"知识延伸"中的讲解修改参数。

第 11、12 行代码用于将所有数据点的值绘制在图表中的相应坐标上，相当于为图表添加数据标签。其中，第 11 行代码使用案例 018 介绍的 zip() 函数将数值轴（x 轴）和分类轴（y

轴）的坐标——配对，此时变量 a 和 b 分别代表某个数据点的数值轴坐标和分类轴坐标。第 12 行代码使用 text() 函数在指定的坐标位置添加文本，其中参数 x、y、s 分别用于指定 x 坐标、y 坐标、文本内容。这里将参数 x 设置为 a + 1，是为了让数据标签和条形之间有一定的距离。

◎ 知识延伸

（1）第 9 行代码中的 barh() 函数是 pyplot 子模块中的函数，用于绘制条形图，其常用语法格式如下，各参数的说明见表 10-6。

```
barh(y, width, height=0.8, align='center', color=None)
```

表 10-6

参数	说明
y	指定条形图的分类轴的值
width	指定条形图的数值轴的值（即每一根条形的长度）
height	指定条形的高度
align	指定条形与分类轴坐标的对齐方式。默认值为 'center'，表示条形与坐标居中对齐；如果设置为 'edge'，则表示条形与坐标底对齐
color	指定条形的填充颜色

（2）第 12 行代码中的 text() 函数是 pyplot 子模块中的函数，用于在图表的指定坐标位置添加文本，其常用语法格式如下，各参数的说明见表 10-7。

```
text(x, y, s, ha=None, va=None, fontdict=None)
```

表 10-7

参数	说明
x	指定文本的 x 坐标
y	指定文本的 y 坐标
s	指定文本的内容

续表

参数	说明
ha	指定文本在水平方向的位置，可取的值有 'center'、'right'、'left'
va	指定文本在垂直方向的位置，可取的值有 'center'、'top'、'bottom'、'baseline'、'center_baseline'
fontdict	指定文本的字体格式，如字体、字体颜色、字号等，参数值为一个字典

◎ 运行结果

运行本案例的代码后，即可看到如图 10-5 所示的条形图，其显示二线及以上城市的用户明显多于三线及以下城市的用户。这说明用户群体的整体消费能力较强，实现商业变现的可能性较高。

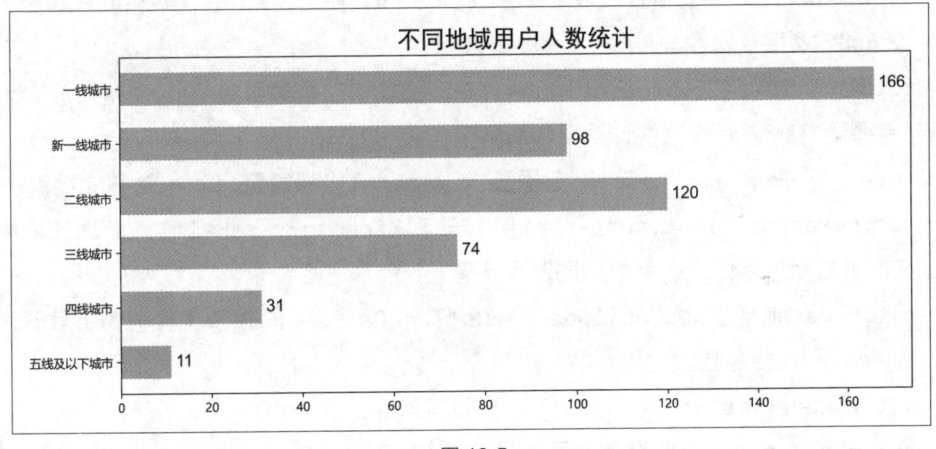

图 10-5

100 绘制折线图分析用户对视频时长的偏好

◎ 代码文件：实例文件 \ 10 \ 100 \ 绘制折线图分析用户对视频时长的偏好.ipynb
◎ 素材文件：实例文件 \ 10 \ 100 \ 视频数据.xlsx

◎ 应用场景

时长是影响短视频完播率的重要因素之一：如果时长太短，内容难免单薄，无法吸引用户；如果时长太长，用户又没耐心看完。那么短视频究竟多长才合适呢？本案例将使用 Matplotlib 模块中的 plot() 函数绘制折线图，分析用户对短视频时长的偏好。

◎ 实现代码

```
1  import pandas as pd  # 导入pandas模块
2  import matplotlib.pyplot as plt  # 导入Matplotlib模块的pyplot子模块
3  from matplotlib import ticker  # 导入Matplotlib模块的ticker类
4  data = pd.read_excel('视频数据.xlsx')  # 读取数据
5  total = data.groupby(by='作品时长').agg({'作品ID': 'nunique', '播放量': 'sum', '完整播放次数': 'sum'})  # 统计不同时长视频作品的数量、播放量和完整播放次数
6  total = total.rename(columns={'作品ID': '视频数量', '完整播放次数': '完播量'})  # 修改统计结果中的列名
7  total['完播率'] = total['完播量'] / total['播放量']  # 计算完播率
8  plt.rcParams['font.sans-serif'] = ['Microsoft YaHei']  # 为图表中的文本设置默认字体，避免中文显示为乱码
9  plt.rcParams['axes.unicode_minus'] = False  # 解决坐标值为负数时无法正常显示负号的问题
10 plt.figure(figsize=(16, 8))  # 创建画布
11 ax1 = plt.gca()  # 获取主图的坐标轴
12 plot1 = ax1.plot(total.index, total['视频数量'].to_list(), color='c', linewidth=1.5, linestyle='solid', marker='s', markersize=6, label='视频数量')  # 在主图中绘制第1个折线图
13 ax1.set_xlabel('视频时长')  # 设置主图x轴的标题为"视频时长"
14 ax1.set_ylabel('视频数量')  # 设置主图y轴的标题为"视频数量"
15 ax1.set_xticks(range(61))  # 设置主图x轴的刻度
```

```
16  ax1.set_xlim(0, 60)   # 设置主图x轴刻度的显示范围
17  ax1.set_yticks(range(0, 56, 5))   # 设置主图y轴的刻度
18  ax1.set_ylim(0, 55)   # 设置主图y轴刻度的显示范围
19  ax2 = ax1.twinx()   # 创建与主图共享x轴的子图
20  plot2 = ax2.plot(total.index, total['完播率'].to_list(), color='r',
    linewidth=1.5, linestyle='solid', marker='o', markersize=6, label=
    '完播率')   # 在子图中绘制第2个折线图
21  ax2.set_ylabel('完播率')   # 设置子图y轴的标题为"完播率"
22  ax2.set_ylim(0, 1)   # 设置子图y轴刻度的显示范围
23  ax2.yaxis.set_major_formatter(ticker.PercentFormatter(xmax=1, dec-
    imals=0))   # 设置子图y轴刻度的显示格式为百分比格式
24  plots = plot1 + plot2   # 拼合两个折线图
25  labels = [i.get_label() for i in plots]   # 获取两个折线图的图例标签
26  plt.legend(plots, labels, loc='upper right')   # 添加图例
27  plt.show()   # 显示绘制的折线图
```

◎ **代码解析**

第 4 行代码用于从工作簿"视频数据.xlsx"中读取数据，读取结果如图 10-6 所示。

	作品ID	作品发布时间	作品时长	播放量	完整播放次数	点赞次数
0	156191	2022-09-01 21:55:00	10	9326	9035	9146
1	156192	2022-09-01 22:27:00	16	8626	7930	7951
...	...	...	...	...	...	...
498	156689	2022-09-01 19:40:00	18	18204	14351	16845
499	156690	2022-09-01 18:16:00	10	12104	11054	11431

500 rows × 6 columns

图 10-6

第 5 行代码用于按照"作品时长"列对数据进行分组，然后分别统计不同时长视频作品的数量、播放量和完整播放次数。第 6 行代码用于将统计结果中的列名"作品 ID"和"完整播放次数"分别修改为"视频数量"和"完播量"。第 7 行代码用统计出的"完播量"除以"播放量"，计算出不同时长视频的完播率。统计结果如图 10-7 所示。

作品时长	视频数量	播放量	完播量	完播率
4	2	20663	20580	0.995983
5	5	20904	20715	0.990959
...	...	...	...	...
58	1	652	13	0.019939
60	1	1365	13	0.009524

40 rows × 4 columns

图 10-7

第 11 行代码用于获取主图的坐标轴。

第 12 行代码用于在主图中绘制第 1 个折线图，展示当"作品时长"不断增长时，"视频数量"的变化趋势。

第 13～18 行代码用于设置主图的 x 轴和 y 轴的标题、刻度和刻度的显示范围。

第 19 行代码用于创建与主图共享 x 轴的子图。

第 20 行代码用于在子图中绘制第 2 个折线图，展示当"作品时长"不断增长时，"完播率"的变化趋势。

第 21～23 行代码用于设置子图的 y 轴的标题和刻度的显示范围，并将刻度的显示格式设置为百分比格式。

第 24、25 行代码用于拼合两个折线图，并获取两个折线图的图例标签。

第 26 行代码用于在图表的右上角添加图例。

◎ 知识延伸

（1）第 5 行代码中的 groupby() 函数是 pandas 模块中的函数，用于对数据进行分组。参数 by 用于指定分组所依据的列，可指定一列（如本案例的"作品时长"列），也可用列表的形式指定多列。

这行代码中的 agg() 函数用于对分组结果进行汇总运算。因为本案例要对不同的列进行不同的汇总运算，所以传入的参数是一个字典，字典中的键值对是列标签和汇总运算的函数名。

（2）第 12、20 行代码中的 plot() 函数用于绘制折线图，其常用语法格式如下，各参数的说明见表 10-8。

```
plot(x, y, color=None, linewidth=0.5, linestyle=None, marker=None,
markersize=None, label=None)
```

表 10-8

参数	说明
x	指定 x 坐标的数据
y	指定 y 坐标的数据
color	指定折线的颜色，其设置方法与 pie()、bar() 等函数的参数 color 的设置方法相同
linewidth	指定折线的粗细（单位：磅），默认值为 0.5
linestyle	指定折线的线型，例如，'solid' 表示实线，'dashed' 表示短线式虚线，'dotted' 表示点式虚线，'dashdot' 表示点画线，等等
marker	指定数据标记的样式，例如，'s' 表示正方形，'o' 表示圆形，'*' 表示五角星，等等
markersize	指定数据标记的大小（单位：磅）
label	指定数据系列的名称

（3）第 26 行代码中的 legend() 函数用于在图表中添加图例，图例的内容由相应的绘图函数决定。例如，本案例中 plot() 函数设置的折线和数据标记的外观将决定图例图形的外观，数据系列的名称将决定图例标签的内容。参数 loc 用于设置图例的位置，取值可以为字符串或整型数字，具体见表 10-9。

表 10-9

字符串	整型数字	图例位置	字符串	整型数字	图例位置
'best'	0	根据图表区域自动选择	'center left'	6	左侧中间
'upper right'	1	右上角	'center right'	7	右侧中间
'upper left'	2	左上角	'lower center'	8	底部中间
'lower left'	3	左下角	'upper center'	9	顶部中间
'lower right'	4	右下角	'center'	10	正中心

◎ **运行结果**

运行本案例的代码后，即可看到如图 10-8 所示的折线图，其显示时长在 10～20 秒之间的视频数量最多，且时长越短的视频，其完播率也越高。因此，将视频时长控制在 10～20 秒之间较为合适。

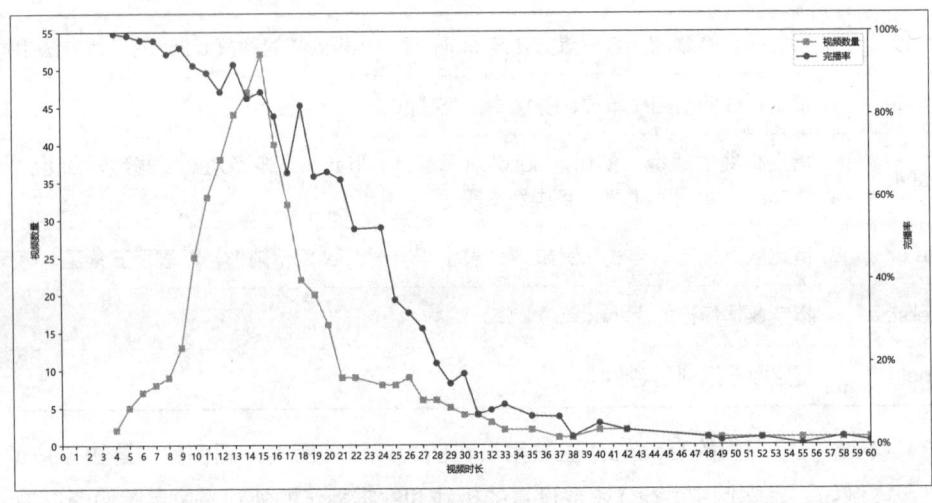

图 10-8

101 绘制组合图表分析视频发布的黄金时间

◎ 代码文件：实例文件\10\101\绘制组合图表分析视频发布的黄金时间.ipynb
◎ 素材文件：实例文件\10\101\视频数据.xlsx

◎ **应用场景**

在用户活跃度高的时间段发布的视频，有更多机会获得播放和点赞。本案例将结合使用 Matplotlib 模块中的 barh() 函数和 plot() 函数绘制组合图表，分析视频发布的最佳时间。

◎ **实现代码**

```
1  import pandas as pd    # 导入pandas模块
```

```python
2   import matplotlib.pyplot as plt  # 导入Matplotlib模块的pyplot子模块
3   data = pd.read_excel('视频数据.xlsx')  # 读取数据
4   data['小时'] = data['作品发布时间'].dt.hour  # 从作品发布时间中提取小时信息
5   total = data.groupby(by='小时').agg({'小时': 'count', '播放量': 'sum', '点赞次数': 'sum'})  # 统计各个时间段的视频发布数量、播放量、点赞次数
6   total = total.rename(columns={'小时': '视频发布数量', '点赞次数': '点赞量'})  # 修改统计结果中的列名
7   plt.rcParams['font.sans-serif'] = ['Microsoft YaHei']  # 为图表中的文本设置默认字体,避免中文显示为乱码
8   plt.rcParams['axes.unicode_minus'] = False  # 解决坐标值为负数时无法正常显示负号的问题
9   plt.figure(figsize=(12, 8))  # 创建画布
10  plt.bar(x=total.index, height=total['播放量'].to_list(), width=1, align='edge', color='#7bbfea', label='播放量')  # 绘制柱形图
11  plt.plot(total.index + 0.5, total['点赞量'].to_list(), color='r', linewidth=1.5, linestyle='solid', marker='s', markersize=6, label='点赞量')  # 绘制折线图
12  plt.grid(visible=True, axis='x', alpha=0.7, color='k', linestyle='dotted', linewidth=1)  # 添加网格线
13  plt.xlabel('发布时间')  # 设置x轴的标题为"发布时间"
14  plt.xticks(range(25))  # 设置x轴的刻度
15  plt.xlim(0, 24)  # 设置x轴刻度的显示范围
16  plt.yticks(range(0, 600001, 100000))  # 设置y轴的刻度
17  plt.ylim(0, 600000)  # 设置y轴刻度的显示范围
18  plt.legend(loc='upper left', fontsize=10)  # 添加图例
19  plt.show()  # 显示绘制的组合图表
```

◎ 代码解析

第 3～6 行代码先从工作簿"视频数据.xlsx"中读取数据,然后通过 dt.hour 属性从"作品发布时间"列的日期和时间值中提取"小时"信息,接着按照提取的"小时"信息分组统计不同小时发布的视频数量、播放量和点赞次数,最后将统计结果中的列名"小时"和"点赞次数"分别修改为"视频发布数量"和"点赞量"。

第 10 行代码用于根据统计结果绘制柱形图,展示视频发布时间和播放量之间的关系。

第 11 行代码用于根据统计结果绘制折线图,展示视频发布时间和点赞量之间的关系。

第 12 行代码用于为图表添加黑色虚线样式的垂直网格线。

第 13～17 行代码用于设置坐标轴的标题、刻度和刻度的显示范围。

第 18 行代码用于在图表的左上角添加图例。

◎ 知识延伸

第 12 行代码中的 grid() 函数用于为图表添加网格线,其常用语法格式如下,各参数的说明见表 10-10。

```
grid(visible=True, axis='both', alpha=None, color=None, linestyle=None, linewidth=0.5)
```

表 10-10

参数	说明
visible	指定是否显示网格线,参数值为 True 时表示显示网格线(默认同时显示 x 轴和 y 轴的网格线)
axis	指定针对哪条坐标轴的网格线进行设置,默认值为 'both',表示同时设置 x 轴和 y 轴的网格线,设置为 'x' 或 'y' 时则分别表示只设置 x 轴或 y 轴的网格线
alpha	指定网格线的透明度
color	指定网格线的颜色
linestyle	指定网格线的线型
linewidth	指定网格线的粗细

◎ 运行结果

运行本案例的代码后，即可看到如图 10-9 所示的组合图表，其显示在早晨、中午、傍晚、夜间这 4 个时间段发布的视频，无论是播放量还是点赞量都比较高。这说明在这些时间段里用户比较活跃，在这些时间段发布的短视频作品则会有更多曝光的机会，得到更多用户的关注和互动。

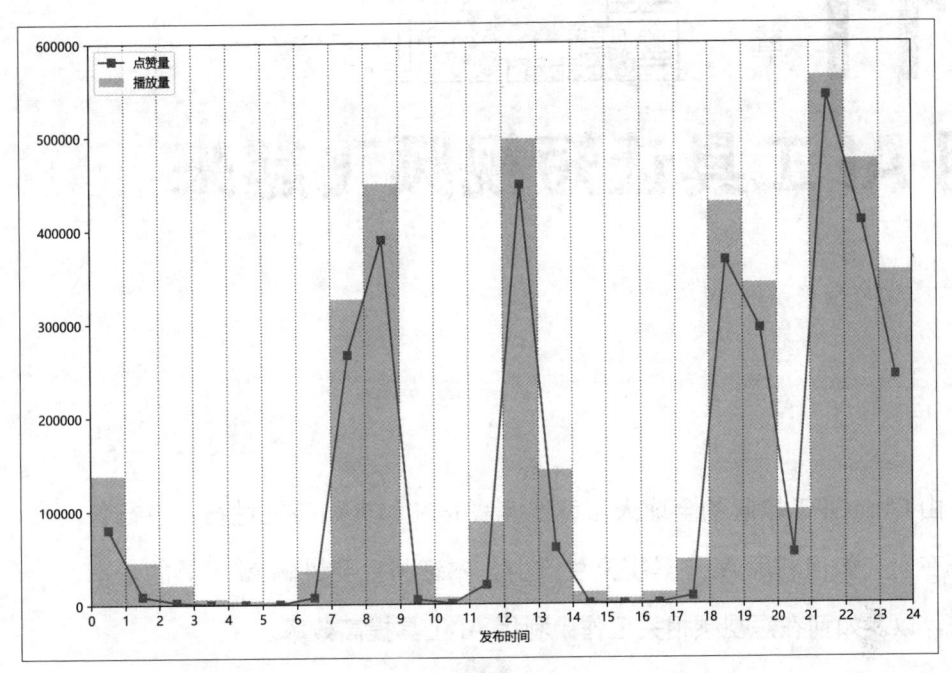

图 10-9

第 11 章
用 AI 工具让短视频飞起来

由 ChatGPT 掀起的全球人工智能竞赛正在如火如荼地进行,各行各业都在研究如何利用 AI 工具提高生产力。本章将主要讲解 AI 工具的基本用法,以及如何在短视频相关工作中利用 AI 工具提高效率。

102 初识 AI 工具

自 2022 年 11 月 ChatGPT 面世后，各式各样的 AI 工具接连不断地涌现。本案例先简单介绍 AI 工具的种类，然后以 AI 大语言模型为例介绍 AI 工具的基本用法。

1. AI 工具的种类

与短视频相关的 AI 工具主要有以下几类：

1）AI 大语言模型

AI 大语言模型擅长处理文本相关的任务，如文本理解和推理、文本生成、文本分析、文本翻译等。其典型代表包括 ChatGPT、文心一言、通义千问等。

2）文本生成图像模型

文本生成图像模型可以根据用户输入的描述文本生成指定内容和风格的图像，其典型代表包括 Midjourney、DALL·E、Leonardo.Ai、文心一格、通义万相等。

3）文本生成音频模型

文本生成音频模型又细分为音乐模型和语音模型。音乐模型可以根据用户输入的描述文本生成指定风格的音乐，其典型代表包括 ecrett music、soundful、Suno AI、网易天音等。语音模型可以将用户提供的文本"朗读"成自然的人声语音，其典型代表包括 Azure TTS、Whisper、阿里云语音等。

4）文本生成视频模型

文本生成视频模型可以根据用户输入的描述文本生成指定内容和风格的视频片段，其典型代表包括 Runway、Pika、Sora 等。

在短视频创作和运营中，上述 AI 工具可以在许多方面成为我们的得力助手，如提供灵感和思路、撰写脚本、编写程序代码、生成创作素材等。

2. AI 工具的基本用法

AI 工具种类繁多，但基本用法都是类似的，即先由用户输入自己的需求，再由 AI 工具生成相应的内容。下面以通义千问为例进行讲解。

步骤01 ❶用网页浏览器打开通义千问的首页（https://tongyi.aliyun.com/qianwen/），❷单击

左下角的"登录"按钮,如图11-1所示。在弹出的对话框中按照提示登录账号。

图 11-1

步骤02 登录成功后,在页面底部的文本框中输入指令,然后按〈Enter〉键提交,如图11-2所示。在输入过程中如果需要换行,可以按〈Shift+Enter〉键。

图 11-2

步骤03 稍等片刻,页面中将以"一问一答"的形式依次显示用户输入的指令和通义千问生成的内容,如图11-3所示。

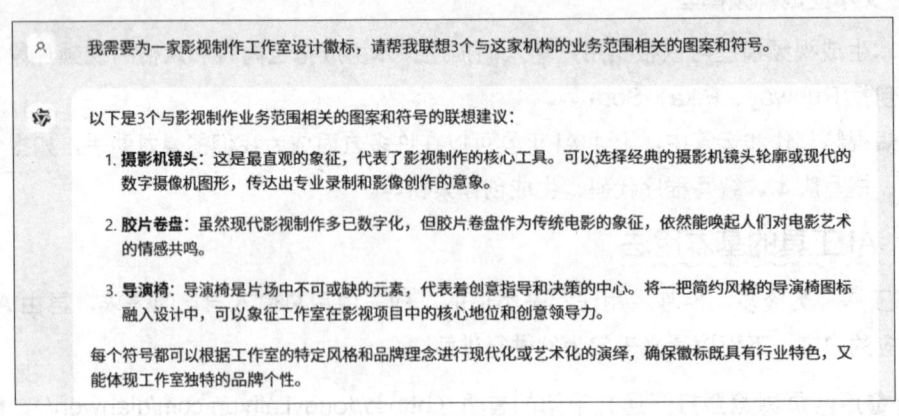

图 11-3

步骤 04 如果对生成的内容不满意，可单击内容下方的"重新生成"按钮，要求通义千问重新生成，如图 11-4 所示。

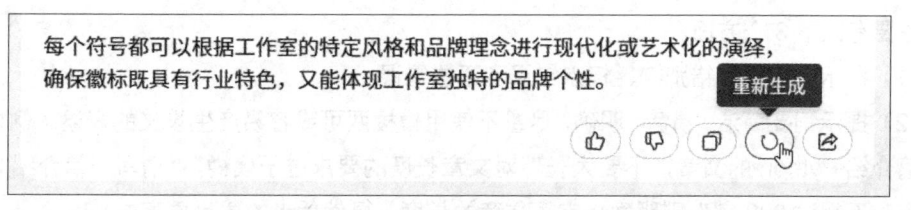

图 11-4

步骤 05 如果发现指令的表述不准确，可将鼠标指针放在指令上，❶单击右侧浮现的"重新编辑"按钮，❷进入编辑状态后修改指令，❸单击 ☑ 按钮保存并提交，如图 11-5 所示。通义千问就会根据修改后的指令生成新的内容。

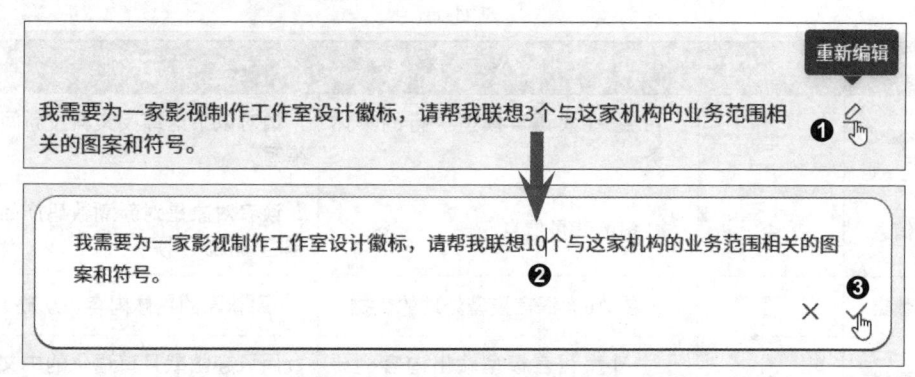

图 11-5

步骤 06 如果需要进行追问，可以在页面底部的文本框中继续输入指令，通义千问会结合之前的对话内容进行回答。相关操作与前面的操作类似，这里不再赘述。

103 提示词编写的原则和技巧

与 AI 工具对话时，用户输入的指令实际上有一个专门的名称——提示词（prompt）。提示词是人工智能领域中的一个重要概念，它能影响机器学习模型处理和组织信息的方式，从而影响模型的输出。清晰和准确的提示词可以帮助模型生成更准确、更可靠的输出。本案例将以 AI 大语言模型为例，讲解如何编写出能获得高质量回答的提示词。

1. 编写提示词的基本原则

编写提示词的基本原则没有高深的要求,其与人类之间交流时要遵循的基本原则是一致的,主要有以下 3 个方面。

(1)提示词应没有错别字、标点错误和语法错误。

(2)提示词要简洁、易懂、明确,尽量不使用模棱两可或容易产生歧义的表述。例如,"请写一篇介绍 Python 的文章,不要太长"对文章长度的要求过于模糊,"请写一篇介绍 Python 的文章,不超过 800 字"则明确指定了文章的长度,显然后者的质量更高。

(3)提示词最好包含完整的信息。如果提示词包含的信息不完整,就会导致需要用多轮对话去补充信息或纠正 AI 大语言模型的回答方向。提示词要包含的内容没有一定之规,一般而言可由 4 个要素组成,具体见表 11-1。

表 11-1

名称	是否必选	含义	示例
指令	是	希望 AI 大语言模型执行的具体任务	请对以下这篇英文科技新闻进行缩写
背景信息	否	任务的背景信息	读者对象是对新潮数码产品感兴趣的短视频用户
输入数据	否	需要 AI 大语言模型处理的数据	(原新闻的具体内容,从略)
输出要求	否	对 AI 大语言模型输出内容的要求,如字数、格式、写作风格等	用风趣幽默且口语化的中文输出缩写后的新闻,不超过 1000 字

2. 编写提示词的技巧

在编写提示词时,除了要遵循上述基本原则,还可以使用以下技巧来优化提示词。

(1)用特殊符号分隔指令和输入数据。在翻译、总结要点、提取信息等应用场景中,提示词必然会包含指令和待处理的文本(即输入数据)。为便于 AI 大语言模型进行区分,可以用"###"或"""""将待处理的文本括起来。演示对话如下:

请从以下文本中提取 3 个关键词:

文本:"""

据报道,三星已开始为未来的 iPad mini 开发 OLED 面板,并计划于 2025 年下半年在其位于韩国的工厂开始批量生产。三星已经为苹果提供了新款 iPad Pro 的 OLED 面板，这款产品采用串联设计，以提高亮度和能效。
"""

AI 关键词：三星、OLED 面板、iPad mini

（2）提供示例。如果难以用简洁的文字准确地描述需求，可以通过提供示例来帮助 AI 大语言模型更好地理解需求。演示对话如下：

请帮我编写 Excel 单元格的自定义数字格式代码，用于转换日期时间数据的格式。以下是转换前和转换后的数据示例：
2024/02/08 06:28:45 →上午 06:28
2024/04/17 14:12:37 →下午 02:12

AI 您可以使用以下自定义数字格式代码将日期时间数据转换为指定格式：
上午/下午 hh:mm

（3）设定角色身份。为了让 AI 大语言模型以我们期望的方式工作，可以在提示词中（通常是开头部分）为 AI 大语言模型设定一个角色身份。演示对话如下：

我需要你扮演一名资深的家电博主，为一则关于洗碗机选购的短视频撰写 5 个标题，要求设置一定的悬念，以激发用户的好奇心，促使他们点击观看。

AI ①洗碗机选购指南：那些广告不敢告诉你的真相！
②洗碗机不只是懒人福音，它还藏着哪些生活智慧？
③小厨房大智慧！如何在有限空间里选对洗碗机？我的秘籍来了~
④洗碗机选购陷阱多？揭秘不为人知的三大误区，别让你家成试验田！
⑤别再被忽悠！挑选洗碗机，我只看这 5 个细节，你呢？

提示

不同类型 AI 工具的提示词编写方式也有所不同，本书限于篇幅只介绍了 AI 大语言模型的提示词编写知识。如果读者想进一步学习文本生成图像模型的提示词编写知识，可以参考北京理工大学出版社出版的《AI 绘画、设计与图像处理从入门到精通》。

104　用 AI 工具撰写短视频相关文案

本案例将介绍 AI 大语言模型在短视频相关文案撰写中的应用。读者可以基于这些实际工作场景进行举一反三，深入挖掘 AI 大语言模型的应用潜能。

1. 撰写短视频标题

俗话说："题好文一半。"撰写标题是一门艺术，而一个好标题的诞生需要以丰富的灵感为基础。当我们感到灵感匮乏而陷入创意的困境时，AI 大语言模型可以成为我们的救星。下面来演示如何利用 AI 大语言模型为短视频撰写标题。

> 我需要你扮演一名资深的记者，为一则新闻报道类短视频撰写 5 个标题。这则短视频的主要内容是对人工智能业界人士进行的采访，这些人士在采访过程中讨论了 ChatGPT 等人工智能技术的潜力与威胁，并提出了一些具有争议性的观点。你撰写的标题要用词尖锐，并以提问的方式引发受众的兴趣。

> 当然，以下是一些用词尖锐的提问式标题：
> ①人工智能之争：ChatGPT 是机遇还是威胁？业界人士的看法如何？
> ②ChatGPT：神器还是恶魔？业界专家发表激烈观点！
> ③AI 的机遇与挑战：ChatGPT 引发业界大辩论！您赞成哪一派？
> 这些问题式标题旨在引发受众的兴趣，并促使他们思考 ChatGPT 等人工智能技术可能带来的影响。

> 请将上述标题修改得更加简洁，要求保留提问式标题的形式。

> 以下是经过修改的 3 个简洁的提问式标题：
> ①人工智能之争：机遇还是威胁？
> ②ChatGPT：神器还是恶魔？
> ③AI 的机遇与挑战：业界大辩论！您赞成谁？

2. 获取短视频创意灵感

创意策划是短视频创作的起点。获取创意的手段有很多，下面来演示如何利用 AI 大语言模型针对某个主题进行头脑风暴，从而拓展思路、启发灵感。

👤 我需要你扮演一名资深的广告创意策划师，请为某智能家居品牌提供两个视频广告创意。

🤖 当然！作为一名资深的广告创意策划师，我很愿意为您提供关于某智能家居品牌的两个视频广告创意。

广告创意一：智能家居，打开未来之门

简介：展示一个现代家庭中的各种场景，通过智能家居品牌的产品和解决方案，让家庭生活更加便捷和舒适。从智能照明、智能安防到智能家电，展示产品的功能和创新之处，并强调智能家居品牌是通向未来的关键。

广告创意二：智能家居，家的新定义

简介：通过一段富有想象力的动画，展示智能家居品牌为用户带来家庭生活的新定义。从智能家庭助手的互动、智能家电的自动化控制到整体的智能家居系统，呈现一个充满创意和科技感的家居环境，让用户感受到该品牌所创造的未来家庭的无限可能性。

这些创意将通过视频广告的形式，生动地展示品牌的理念和产品，吸引受众的注意力，并激发他们对品牌的兴趣和需求。希望这些创意能够为您的品牌广告带来新的灵感和创造力！

👤 第1个广告创意不错，请提供具体的视频创意内容。

🤖 非常感谢您对第1个广告创意的认可！以下是具体的视频创意内容：

开场：黑屏，出现文字"智能家居，打开未来之门"，伴随着震撼的音效。

场景1：透过家门的镜头，慢慢展现现代家庭的客厅。灯光逐渐亮起，揭示出智能照明系统的功能。

场景2：镜头聚焦在家庭成员使用语音指令控制智能家居设备的场景。例如，一位年轻女性对智能助手说出指令"打开窗帘"，然后窗帘便自动打开。

场景3：通过剪辑展示不同房间的智能家居应用，包括卧室、厨房、书房等。强调智能家电、智能安防和智能娱乐等方面的功能和便利。

场景4：以图形的方式展示智能家居品牌的中央控制系统。用户可以通过触摸屏或移动设备轻松控制家中的各个智能设备。

场景5：镜头切换到室外，展示智能家居系统与户外环境的互动，如自动灯光调节和安防监控。

场景6：画面逐渐过渡到未来城市的虚拟场景，展示智能家居品牌与未来生活的紧密联系。通过CG特效呈现未来城市的高科技环境和智能家居技术的发展。

结尾：品牌标识和口号出现，伴随着激动人心的音乐和旁白："×××智能家居，为您带来未来的家居体验。"

请注意，以上创意仅作为指导，实际的视频制作过程中需要根据您的品牌形象、预算和制作团队的实际情况进行调整和修改。这些创意将帮助您展示智能家居品牌的核心特点和优势，吸引受众的注意力并传递品牌信息。祝您的视频广告制作成功！

3. 撰写短视频带货脚本

短视频带货为内容创作者提供了一种直接的盈利模式，他们可以通过推广商品获得佣金或分成，从而将创作才能转化为实际收益。下面来演示如何利用AI大语言模型为一本图书撰写带货脚本。

对于这类任务而言，产品信息是提示词中不可或缺的内容。假设销售商提供的产品信息是图书的前言，但是前言通常都比较长，不便于直接放在提示词中。好在目前有一些AI大语言模型支持长文档阅读和理解，我们可以将产品信息存放在文档中，再上传至AI大语言模型。以通义千问为例，单击页面底部文本框左侧的按钮，在展开的菜单中单击"上传文档"命令，如图11-6所示。在弹出的"打开"对话框中选择并上传包含前言的文档，随后通义千问会开始阅读文档。当界面中显示阅读完成的提示信息后，就可以通过输入提示词要求通义千问基于文档撰写带货脚本了。

图 11-6

> 上传的文档是图书《AI绘画、设计与图像处理从入门到精通》的前言。请根据这份前言为这本书撰写带货脚本。

> 欢迎各位亲爱的观众朋友们，大家好！我是你们的主播小智，今天我手中拿着的，可不仅仅是一本书，它是一把开启未来创意之门的钥匙——《AI绘画、设计与图像处理从入门到精通》。在这个科技日新月异的时代，人工智能技术正如火如荼地改变着我们的生活，而这本书，正是你踏入这个精彩世界的完美指南！

> 想象一下，不需要传统的画笔，也不必是绘画大师，你就能创作出令人惊叹的艺术作品，设计出专业级别的广告海报，甚至规划出梦幻般的建筑空间。这本书就是你的魔法手册，带你领略AI绘画的魅力，让你的创意无限延伸！

【章节揭秘】

下面让我带着大家快速浏览这本书的精彩内容。

首先，前两章会引领我们遨游在国内外顶尖的 AI 绘画工具海洋里，了解它们的特点，掌握基本操作，轻松上手。

…………

【特色亮点】

这本书采用的是从零开始、步步深入的教学模式，无论你是小白还是想进一步深造的大咖，这里都有你想要的知识点。

…………

【适合人群】

无论你是平面设计师、数码绘画师、视频制作者，还是新媒体运营者，甚至是热爱探索新技术的 AI 绘画发烧友，这本书都将是你不可或缺的创意伙伴！

朋友们，不要错过这个让自己成为创意领域先行者的机会，让《AI 绘画、设计与图像处理从入门到精通》成为你创意旅程的加速器。现在下单，还有专属优惠等你来拿！点击下方链接，立即加入这场创意革命吧！

105 用 AI 工具辅助阅读和改写新闻

热点新闻是短视频的重要选题来源。借助 AI 大语言模型的文本理解能力和翻译能力，我们可以快速阅读多种语言的新闻并提炼其要点，从而大大拓宽获取信息的渠道，直接掌握第一手的新鲜资讯。本案例将以通义千问为例，演示如何阅读和改写一篇英语新闻。

> **提示**
>
> 作为一个新生事物，AI 大语言模型还存在许多不足，其中最容易让用户"踩坑"的一点就是"幻觉"。它是指这类模型在生成文本过程中出现的与事实不符、逻辑错误、无中生有或与用户输入不一致的现象。因此，对于模型总结出的新闻内容要点，我们要注意将其中的重要事实和数据与新闻原文进行核对，以免传播错误信息或误导受众。

请阅读此链接的内容，提取其要点，并用中文输出：https://www.cnet.com/tech/services-andsoftware/gpt-4o-and-gemini-1-5-pro-how-the-new-ai-models-compare/。

> 🅰🅸 文章比较了两个最新的人工智能模型——OpenAI 的 GPT-4o 和谷歌的 Gemini 1.5 Pro。尽管它们都是先进的大语言模型，旨在理解和生成类似人类编写的文本响应，但两者之间存在差异，正如一位资深技术高管所比喻的"可口可乐与百事可乐"——虽同为可乐，但配方不同，味道各异。
>
> GPT-4o 和 Gemini 1.5 Pro 的关键区别在于：
>
> ①集成平台：GPT-4o 设计上倾向于与微软的产品集成，同时也能独立运行；而 Gemini 1.5 Pro 则是专为谷歌打造。
>
> ②上下文窗口大小：Gemini 1.5 Pro 已扩展其上下文窗口至 100 万个令牌，未来计划翻倍至 200 万个，这使得它能处理更长的对话历史或更多的信息输入。相比之下，GPT-4o 及其前身 GPT-4 的上下文窗口为 128 000 个令牌。
>
> ③定价模式：两者都提供免费版本和付费订阅服务，其中 ChatGPT Plus 和 Gemini Advanced 的月费均为 20 美元，用户可获得最新的模型更新及更多功能。
>
> 随着 2022 年底 ChatGPT 的推出，生成式 AI 领域的竞争愈发激烈，Anthropic 等初创公司以及谷歌和微软等科技巨头不断升级聊天机器人，同时在视频、音频和游戏等领域取得新的进展，以争夺市场份额。用户选择哪个模型，很大程度上取决于个人的需求和偏好，以及各平台的品牌营销策略。

> 👤 请将上述内容要点改写成适合短视频使用的口播稿，目标受众是关注科技资讯的非专业人士，要求通俗易懂、语气轻松。

> 🅰🅸 嘿科技迷们，今天咱们来聊聊 AI 界的新星对战！就像可乐界有可口可乐和百事可乐，人工智能圈里，OpenAI 的 GPT-4o 和谷歌的 Gemini 1.5 Pro 也在上演一场精彩的较量。别担心术语太多，我来给你们简单划重点。
>
> 首先，想象一下，这两个 AI 助手就像是超级聪明的笔友，你写信给它们，它们就能回信，而且写得跟真的一样。GPT-4o 呢，它不仅和微软的产品是好搭档，单独用也杠杠的；而 Gemini 1.5 Pro 呢，则是谷歌家的宝贝，专门为谷歌生态定制。
>
> 接着说说它们的记忆力吧。Gemini 1.5 Pro 就像是个记忆力超群的朋友，能记住超级长的对话，因为它最近升级了，记忆容量大增，以后还会更大。而 GPT-4o 呢，虽然也很不错，但在记忆这块儿就略逊一筹。

价格方面，两家都挺亲民，都有免费版可以用。想尝鲜高端功能的话，每个月花 20 美元，无论是 ChatGPT Plus 还是 Gemini Advanced，都能让你玩转最新黑科技。

最后，就像选可乐一样，挑哪个 AI 助手，全看你的口味和需要。各大公司都在努力升级，不仅是聊天，连视频、声音、游戏都要变聪明了。科技的世界，变化快，乐趣多，咱们一起紧跟潮流，享受这场 AI 盛宴吧！

106 用 AI 工具生成短视频素材图片

图片是短视频创作不可或缺的素材之一。借助文本生成图像模型，我们能以灵活、高效、低成本的方式获得素材图片。本案例将以通义千问和通义万相为例，演示如何创作短视频账号的头像。

通义千问中已集成了通义万相，我们可以先通过与通义千问对话来获得创意灵感，然后在通义千问中调用通义万相生成图片。

> 我想开设一个以烹饪为主题的短视频账号，现在需要为这个账号设计一个头像，请提供至少 3 个创意方案。

> 头像是吸引观众的第一步，它应该既美观又能准确传达你的频道主题。以下是 3 个创意头像设计方案，希望能激发你的灵感：
>
> ①美食拼盘艺术：设计一个由各种食材、厨具和菜肴构成的拼贴画风格头像。所有元素围绕或堆叠成一个有趣的图案，展示出烹饪的多样性和创意。
>
> ②卡通厨师形象：创造一个可爱的卡通厨师角色作为你的品牌形象大使。这位厨师可以是穿着经典白色厨师服，戴着高高的厨师帽，面带微笑，身旁围绕着蔬菜、水果、香料等食材，传达出友好、专业的氛围。
>
> ③厨房小窗口：模拟一个厨房的小窗口视角，从窗口望进去可以看到忙碌而温馨的厨房景象，如炉火上炖煮的汤、砧板上的新鲜食材、刚摆盘完成的菜肴，背景是柔和的灯光，营造家的感觉，让观众期待通过这个窗口发现美味的秘密。

> 请以 2 号方案为基础编写绘图提示词，图像风格为扁平卡通插画风格。先不要生成图像，当我对提示词感到满意后，你再生成图像。

🅰️ 基于您的要求，2号方案"卡通厨师形象"的绘图提示词可以这样编写：一位厨师身穿白色厨师服，头戴一顶高厨师帽，面带微笑，表情亲切友好。周围有番茄、柠檬、青菜等食材的图案。扁平卡通插画风格。

如果您对这个提示词感到满意，请随时告诉我，我将为您生成图像。

👤 我对这个提示词感到满意，请生成图像。

🅰️ 根据您提供的描述，这是生成的图像（见图11-7）。如果需要进一步的调整或有其他请求，请随时告知我。

图 11-7

107 用 AI 工具辅助编写 Python 代码

  AI 大语言模型的训练数据包含编程语言的语法知识、可用代码和编程经验，因此，这类模型还具备一定的编程能力。用户只需要用自然语言描述希望实现的功能，AI 大语言模型就能理解用户的需求，并将需求转换成相应的程序代码。本案例将演示如何利用 AI 大语言模型辅助编写 Python 代码。

👤 文件夹"素材视频"中有多个 MP4 格式的视频文件，现在需要批量提取它们的音频轨道，要求如下：
①使用 pathlib 模块和 MoviePy 模块。
②将提取的音频轨道以 MP3 格式保存到文件夹"提取的音频"中。如果该文件夹不存在，则进行创建。
③如果视频文件不含音频轨道，需要输出相应的信息。
请帮我编写相应的 Python 代码，谢谢。

🅰️ 以下是可以实现您的需求的 Python 代码：

```python
from pathlib import Path
from moviepy.editor import VideoFileClip
# 定义输入文件夹和输出文件夹的路径
input_folder = Path('素材视频')
output_folder = Path('提取的音频')
# 创建输出文件夹
output_folder.mkdir(parents=True, exist_ok=True)
# 遍历输入文件夹中所有扩展名为".mp4"的文件
for file_path in input_folder.glob('*.mp4'):
    # 生成输出文件的路径
    output_file = output_folder / f'{file_path.stem}.mp3'
    # 打开视频文件
    video_clip = VideoFileClip(str(file_path))
    # 提取音频轨道
    audio_clip = video_clip.audio
    # 检查音频轨道是否为空白
    if audio_clip is None:
        print(f'视频文件 {file_path} 不含音频轨道')
    else:
        # 保存音频轨道
        audio_clip.write_audiofile(str(output_file))
```

请确保将代码中的"素材视频"和"提取的音频"替换为实际使用的文件夹路径。

这段代码将遍历输入文件夹中的所有扩展名为".mp4"的文件,并使用 VideoFileClip 类加载视频文件,然后使用 audio 属性提取音频轨道,最后将音频轨道保存到输出文件夹中。

🙍 我现在想从输入文件夹中提取所有 MP4 和 MOV 格式的视频文件的音频轨道,应该如何修改代码?

🤖 只需调整遍历文件的相关代码,以同时匹配两种类型的文件。以下是修改后的代码:

```python
from pathlib import Path
from moviepy.editor import VideoFileClip
# 定义输入文件夹和输出文件夹的路径
input_folder = Path('素材视频')
output_folder = Path('提取的音频')
# 创建输出文件夹
output_folder.mkdir(parents=True, exist_ok=True)
# 遍历输入文件夹中的所有文件
for file_path in input_folder.glob('*.*'):
    # 如果文件扩展名不在指定的扩展名列表中
    if file_path.suffix not in ['.mp4', '.mov']:
        # 跳过后续代码
        continue
    # 生成输出文件的路径
    output_file = output_folder / f'{file_path.stem}.mp3'
    # 打开视频文件
    video_clip = VideoFileClip(str(file_path))
    # 提取音频轨道
    audio_clip = video_clip.audio
    # 检查音频轨道是否为空白
    if audio_clip is None:
        print(f'视频文件 {file_path} 不含音频轨道')
    else:
        # 保存音频轨道
        audio_clip.write_audiofile(str(output_file))
```

> 我运行了上述代码，发现一个问题：当输入文件夹中同时存在"01.mp4"和"01.mov"时，只能提取到一个"01.mp3"。这个问题要如何解决呢？

AI 为了避免因文件名冲突导致的覆盖问题,当遇到同名的不同格式文件时,可以在输出的音频文件名中包含原始文件的全名,以区分它们。以下是修改后的代码:

```python
from pathlib import Path
from moviepy.editor import VideoFileClip
# 定义输入文件夹和输出文件夹的路径
input_folder = Path('素材视频')
output_folder = Path('提取的音频')
# 创建输出文件夹
output_folder.mkdir(parents=True, exist_ok=True)
# 遍历输入文件夹中的所有文件
for file_path in input_folder.glob('*.*'):
    # 如果文件扩展名不在指定的扩展名列表中
    if file_path.suffix not in ['.mp4', '.mov']:
        # 跳过后续代码
        continue
    # 生成输出文件的路径,文件名格式为"原始文件的全名.mp3"
    output_file = output_folder / f'{file_path.name}.mp3'
    # 打开视频文件
    video_clip = VideoFileClip(str(file_path))
    # 提取音频轨道
    audio_clip = video_clip.audio
    # 检查音频轨道是否为空白
    if audio_clip is None:
        print(f'视频文件 {file_path} 不含音频轨道')
    else:
        # 保存音频轨道
        audio_clip.write_audiofile(str(output_file))
```

108 用 AI 工具辅助调试 Python 代码

运行代码时难免遇到出错的情况，我们可以将报错信息或错误的现象提供给 AI 大语言模型，让它帮忙分析原因并给出解决办法。

> 以下是一段 Python 代码：
> """
> from pathlib import Path
> from moviepy.editor import VideoFileClip
> src_folder = Path(' 转换格式前 ')
> des_folder = Path(' 转换格式后 ')
> des_folder.mkdir(parents=True, exist_ok=True)
> for i in src_folder.glob('*.*'):
>   if i.is_dir():
>   continue
>   if i.suffix != '.mp4':
>   video_clip = VideoFileClip(i)
>   new_file = des_folder / (i.stem + '.mp4')
>   video_clip.write_videofile(new_file)
> """
> 运行时出错，报错信息如下：
> """
> AttributeError: 'WindowsPath' object has no attribute 'endswith'
> """
> 请帮我分析出错原因并给出解决办法，谢谢。

> **AI** 出现错误的原因是 VideoFileClip 类期望接收的参数是一个字符串形式的文件路径，但在您的代码中，i 是一个 WindowsPath 对象，而不是字符串。因此，在尝试使用 i 作为文件路径时，出现了 'WindowsPath' object has no attribute 'endswith' 错误，因为 WindowsPath 对象没有 endswith 属性。

解决办法是将 i 转换为字符串形式的文件路径，可以使用 str() 函数来实现这一点。您只需要在 VideoFileClip 类的参数中使用 str(i)，即可将 i 转换为字符串形式的文件路径。

以下是修改后的代码：

```
1   from pathlib import Path
2   from moviepy.editor import VideoFileClip
3   src_folder = Path('转换格式前')
4   des_folder = Path('转换格式后')
5   des_folder.mkdir(parents=True, exist_ok=True)
6   for i in src_folder.glob('*.*'):
7       if i.is_dir():
8           continue
9       if i.suffix != '.mp4':
10          video_clip = VideoFileClip(str(i))    # 将i转换为字符串形式的文件路径
11          new_file = des_folder / (i.stem + '.mp4')
12          video_clip.write_videofile(str(new_file))    # 将new_file转换为字符串形式的文件路径
```

🧑 我运行了修改后的代码，没有报错，但是运行结果与我预期的不一致。

预期的运行结果：将 src_folder 中所有非 MP4 格式视频转换成 MP4 格式并保存到 des_folder 下，对于 MP4 格式视频则不做任何处理。

实际的运行结果：src_folder 中的一部分 MP4 格式视频仍被保存到 des_folder 下。

请帮我分析原因并给出解决办法，谢谢。

🤖 原因是在您的代码中，虽然添加了判断条件 if i.suffix != '.mp4': 来跳过已经是 MP4 格式的视频文件，但是在某些文件系统中，文件的扩展名可能是大小写不敏感的。因此，您的代码会将一部分扩展名为".MP4"的文件当作非 MP4 格式的文件来处理，导致它们被转换成".mp4"格式并保存到 des_folder 下。

解决办法是在进行扩展名判断前，将扩展名统一转换成小写形式，这样可以避免大小写不敏感带来的问题。可以使用 str.lower() 函数来实现这一点。

以下是修改后的代码：

```python
from pathlib import Path
from moviepy.editor import VideoFileClip
src_folder = Path('转换格式前')
des_folder = Path('转换格式后')
des_folder.mkdir(parents=True, exist_ok=True)
for i in src_folder.glob('*.*'):
    if i.is_dir():
        continue
    if i.suffix.lower() != '.mp4':    # 将扩展名转换成小写再做判断
        video_clip = VideoFileClip(str(i))    # 将i转换为字符串形式的文件路径
        new_file = des_folder / (i.stem + '.mp4')
        video_clip.write_videofile(str(new_file))    # 将new_file转换为字符串形式的文件路径
```